JN301966

これだ！オーディオ術 2
格闘篇

村井 裕弥
Hiroya Murai

青弓社

これだ！オーディオ術2──格闘篇●目次

第1章 —————————————————————————————— 007
いま考えていること、ぜひ伝えたいこと

前著『これだ!オーディオ術』で伝えたかったこと●とことんビギナーの面倒をみるとしたら●一見親切に見えるアドバイスが、上級者に育つ芽を摘み取る●試聴って、ホント難しい●大規模オーディオ・イベントや試聴会の難しさ●自宅試聴なら、どうよ●アナログ再生とPCオーディオについて●いわゆるハイレゾについて●何のためにオーディオに取り組むのか●人を驚かせるためのオーディオはやらない●ご要望のあて先●吉松隆氏のエッセイから学べること

第2章 —————————————————————————————— 018
わが家で生き残ったオーディオ機器

第3章 —————————————————————————————— 020
アナログ再生との格闘 (2008年春―09年暮れ)

格安プレーヤー Vestax BDT－2600の魅力●アナログvsCD　真剣勝負!!●田んぼのなかのレコード屋、「ニイノニーノ」が高級住宅地に移転●北九州市を代表するオーディオ愛好家のお宅を訪ねる●オリジナル盤の嵐と博多風鶏の水だき●オリジナル盤の直後にかけても聴き劣りしないテレサ・テン●アナログオーディオの楽しみは●「ニイノニーノ」での感動が大きすぎて……●3万2,000円プレーヤーにカツを入れる!●『マエストーソ・クラシック』の魅力は●ムーティ指揮ウィーン・フィル3年ぶりの来日●この音を、何とか自宅のスピーカーから出したい●「生音の雰囲気をたたえた音」を再生するのが得意なアナログ●『30Years Tubes――真空管録音30年』を開封する●「Stereo」2008年10月号の記事がやけに気になる●14年前自分が絶賛したアナログ・プレーヤーは●13年前、自分が絶賛したカートリッジは●プレゼンスオーディオのカートリッジは飲酒音楽鑑賞不可!●各誌絶賛のハイエンドMCカートリッジがあるじゃないか●これって、理想のMCカートリッジかも●ウチのやつが、とうとうキレた!!●じゃ、1個作ってください●逸品館1号館に、たまたまあったSolid Wood MPX●あの田中伊佐資氏とMPX仲間になった!●まずは水道ノイズ（?）を何とか止めなきゃ●ついに、アコースティック・ソリッドを箱から出す!!●各種微調整に、意外と手間取る●高級なプレーヤーほど、使いこなしが大変!!●アクリルマットって、何のために付いてるんだ!?●吉田苑のウェブサイトで掘り出し物を発見!!●江川工房スペシャル in 広島●江川氏の夢が、ついに実現?●評論家モードにスイッチON!●何かいやな音がするねぇ●エヴァヌイ・シグネチャーⅡの音が●広島駅で、ラスト・サプライズ●この音はどこかで聴いたことがある●その半年後、「Analog」誌に載ったインタビュー

第4章 —————————————————————————————— 053
ファイル再生との格闘 (2008年秋―14年初頭)

あなたはPCオーディオ派か、アナログ派か。はたまた両刀遣いか●ノートパソコンを使って、初めて音楽を聴いた日●パソコンをCDトランスポートとして使うためのアダプター?●専用半導体メモリーさえあればCDトランスポートはいらない?●インフラノイズの音楽再生専用メモリー USB－5●USB－101をより効果的に使うための半導体メモリー●HDD、1,100円メモリーとUSB－5を徹底比較試聴

●半導体メモリーに手を加えると明らかに音が変わる●突如、ネットワーク・オーディオの世界へ●まずは必要なものを買い揃える●買ったはいいけど、自分だけでセッティングできるの?●マニュアルを発見したものの●無料翻訳サイトをフル活用●サイトごと翻訳するとダウンロードも容易に●NASの設定はほぼ全自動●何はともあれ、8時間で音が出た!●何だ!? こんなところに日本語マニュアルが●たった3カ月間でここまで進化●DSDはDSDのままD／A変換せよ! 10年前から明らかだった真実●フォーマットの堕落にストップをかけたハイレゾ●2年前、ようやくDSDの配信が始まったものの●DSDの魅力を知る人たちが世界中で知恵を絞る●DSDネイティブ再生の魅力を音楽誌の読者にも●CDのデータはいったんリッピングしてから再生する●D／AコンバーターをGPSクロックで制御●DSDネイティブ再生は世界を救う●高級プリアンプのクオリティーにDACプリ2台で挑戦●気がつくと、内なる声に従っていた●ASIO2.1方式で、DSD5.6MHzのファイルも再生可能に

第5章 ─────────── 079
管球式アンプの世界へようこそ
長く付き合いたい! 管球式アンプの魅力と底力●マックトン十番勝負

第6章 ─────────── 087
確認音源とは何か
道案内は必要だけど●ASCに入会すると●塩が多すぎるから、砂糖を入れよう?

第7章 ─────────── 090
音楽ソフト制作者との対話
REQST西野正和氏との対談●"低音"はオーディオ仲間で話題となる永遠のテーマだ●出水電器のオーディオ用電源工事が、ここでも貢献

第8章 ─────────── 096
オーディオ・アクセサリー
バック工芸社のスピーカースタンドBasicシリーズ●お部屋のS／N比を改善するインナーサッシ●チェック用CDをきちんと決めよう●サーロジックのSVパネル●インフラノイズの「リベラメンテ」ピンケーブル●Ge3のスピーカーケーブル「芋蔓DQ」●制振金属M2052を応用したアナログ用アクセサリー●フェーズメーションの管球式フォノイコライザーアンプ●静―Shizuka―のケーブル用ノイズキャンセラーCNC20-200●WAGNUSのデジタルケーブルeRuby Pro●インフラノイズのクロック・レシーバーCCV-5●イチカワテクノロジー 端子クリン●デンテックのデジタルアンプ専用高周波フィルターRWC―1●オーディオ用電源工事●ソーラーパネル・オーディオのすすめ●A&R Labの定電圧電源PS-12●シンプル・イズ・ベストの「常識」をくつがえす相島技研パワーエクストラ●アコースティックリヴァイブRR-777●長谷弘工業のCDプレーヤー用インシュレーター「ティラミス」●インフラノイズのスピーカーケーブル「スピーカーリベラメンテ」●REQSTのレゾナンス・チップ・コネクト

第9章
それでも、選び方を教えてというあなたのために

エントリークラスをなめるんじゃねぇ●SACD／CDプレーヤーの選び方●プリ・メインアンプの選び方●スピーカー・システムの選び方●アクティヴ・スピーカーについてこれだけは補足したい！●学生時代に愛用していたスタックスのヘッドフォン

第10章
結局、オーディオの成否は部屋なんじゃなかろうか

建て替えをきっかけにリスニングルームを計画●ヨーロッパの建築に近づけるような設計●測定と実際の感覚には想像以上に開きがある●アコースティックエンジニアリングでおこなわれたイベント

初出一覧 ———— 143

あとがき ———— 145

デザイン――沢辺均／山田信也／和田悠里［スタジオ・ポット］

● 第1章

いま考えていること、ぜひ伝えたいこと

●●● **前著『これだ!オーディオ術』で伝えたかったこと**

　本書を開いていただき、誠にありがとうございます。「はじめまして」の方もいらっしゃるでしょうし、前著『これだ!オーディオ術』(青弓社)から、いえ、それより前からお付き合いいただいている方もいらっしゃるでしょう。『これだ!オーディオ術』は2008年暮れに出版されましたが、「いったい誰が手に取ってくれるのか」という筆者の予想に反し、即増刷！　意外なほど多くの方にご購入いただきました。心からお礼を申し上げます。

　オーディオに関する本、特に入門書というと、
①おすすめ機器の紹介
②どこでどう試聴し、どうやって買うか
③基本的な使いこなし術
がほとんどと思われますが、『これだ!オーディオ術』はそのあたりに全くふれない破天荒な入門書です。もちろん、上記のような手取り足取りを必要とする方々がいらっしゃることは百も承知ですが、「そういう入門書はすでにたくさん出ているから、そういうものでは手が届かない、本当にかゆいところに手が届く、お買い物ガイドではない入門書を書こう」と思ったのです。

　まず①ですが、機器を一応、SACD／CDプレーヤー、プリ・メインアンプ(インテグレーテッド・アンプとも呼ぶ)、スピーカー・システムの3つに分け、それぞれ5万円以下、5万から10万円、10万から20万円、20万円以上といった価格帯別のおすすめを書き並べることは、オーディオ評論家である以上、誰でも可能です。しかし、それを載せたところで、それは「村井個人が感じる価格帯別ベスト」であり、読者のみなさまにとってのベストとは限らない。たとえていうなら、患者さんを診断せずに、自分の体調をみて薬を処方する行為に等しいといえます。

　このあたりの不確かさは、筆者が身をもって検証ずみ。1990年代初頭、各誌ベストワンに輝いた機種(あえて機種名などは秘す)を買い集めたのですが、「ええっ!?　こんなものなの?」という音しか出ませんでした。もちろんこれは評論家諸氏の罪ではなく、
○問診さえなしの処方箋だったから
○筆者に使いこなし術がなかったから

○遮音性の低い賃貸マンションに住んでいたから
なのですが、そのときのガッカリ感は筆舌に尽くしがたいものでした。ああいう思いを読者の方々にさせてはいけないと、日々肝に銘じています。

■■■■　　　　　　　　　　　　　　**とことんビギナーの面倒をみるとしたら**
「おすすめ機種をどうしてもアドバイスせよ」と迫られたら、最低限、
○トータルの予算
○将来買い換える予定があるのか、ないのか
○どんな部屋に置くのか（広さ・天井の高さ・遮音性など）
○スピーカーからどれくらい離れ、どれくらいの音量で聴くのか（小音量再生に向く製品と大音量向けを間違えて買うと大変なことになります）
○どんな音楽を聴くのか
○オーディオ機器による音楽再生に、何を求めているのか
　この6つくらいは尋ねたい。できたら、一緒にメーカーやショップに出かけて試聴をし、ご購入後はセッティングのお手伝いまでしたい。
　しかし、これは現実的ではありません。以前はこの手の企画をひんぱんにおこなうオーディオ専門誌もありましたが、最近はあまり見かけません。というわけで、『これだ!オーディオ術』では、おすすめ機種を一切あげないことにしました。専門誌や他の入門書を一応参考にしてもいいけど、自分の直感で"エイヤッ"と買ってしまえというのです。

■■■■　　　　　　　　　　　**一見親切に見えるアドバイスが、上級者に育つ芽を摘み取る**
「なんとまあ無責任な」とあきれた方もいらっしゃるでしょうが、筆者がこの方法をすすめたのには次のようなわけがあるからです。
①実は、本当のはずれ機種は3割程度しかないので、直感で買っても勝率7割（国産に限れば、8割5分くらいあるんじゃないかと実感しています）。
②昔に比べると「明らかにジャズ向き」「クラシック・ファン御用達」といった製品が少なくなり、「何でもそれなりにこなす万能型」が増えている。
③多少音質傾向が好みからはずれていても、セッティングやアクセサリーの使いこなしで、修正できる。

　筆者が尊敬する友人のひとりに貴堂行雄というオーディオ愛好家がいますが、彼がある日、こんなことを言いました。
「何百万円もするオーディオ・システム、何千万円もするオーディオ・システムをいくつか聴いたが、いつも感心させられるとは限らない。むしろスト

レスを感じることさえある。何らかの問題を引きずって、本来の力が出せずにいる高価なシステムの音は、本来の力を発揮している10万円システムにも劣る」

　細部は多少違うかもしれませんが、発言の主旨は上記のとおりです。10年以上前に聞いたと記憶していますが、この言葉は年々重みを増してきました。貴堂行雄、やはり並みの人間ではありません。

　極端な言い方をすれば、どこが作ったどんな製品でも、そこの試聴室ではいい音を出していたのでしょう。最近見た軽自動車のCMに「褒めて、燃費を伸ばした」というのがあって、大笑いしましたが、要するに、「その製品が気持ちよく本領を発揮できる環境作りをしてあげましょう」といいたいのです。「何だよ。こんな音出しやがって。すぐ売り飛ばしてやる」ではなく、「どうすればいい音出してくれるんでしょうね。このアンダーボードはどうですか？　このインシュレーターは？」と話しかけながら、いろいろな対策を施していけば、いつか本領を発揮してくれるはずです。そのプロセスを楽しむのが、趣味としてのオーディオではないでしょうか。

●●●　　　　　　　　　　　　　　　　　　　　**試聴って、ホント難しい**

　以上のように、「オーディオはお買い物で終わる趣味ではないよ。何を買うかに振り回されず、どう使うかを楽しもう」というのが、前著『これだ！オーディオ術』の主旨でした。

　あれから5年の時が経過し、様々な経験を重ねてきましたが、改めて感じるのは、試聴（リスニング・テスト）の難しさです。

　例えば、目の前に10台のアンプがあったとしましょう。この10台、どうやってテストすれば、「正しい試聴結果」が得られるのでしょうか。売れ筋の、誰もが知っているSACD／CDプレーヤーとスピーカーおよびその専用スタンドを用意し、次々につなぎ換えていくというのが一般的な方法でしょうが、それだと、以下のような問題が生じます。
○あとで聴いたアンプのほうが、どうしても印象がよくなる（フィギュアスケートの滑走順みたいなもの）。
○ひどい音の直後に聴く音は、どうしても印象がよくなる。
○あとで聴くアンプのほうが、ヒートアップの時間が長くなる。
○早く温まるアンプのほうが有利（かつては、3日以上温めないと本領を発揮しないアンプもあった）。
○10台すべてをコンセントにつないでいる状態と、試聴を終えたアンプから順に電源を落として次々に梱包し、最後に1台だけ通電している状態では、

電源事情もノイズフロアも大違い（そうやってどんどん片付けていかないと、宅配業者の集荷時間に間に合わなくなるから、やむなくそうすることが多い）。
○あとになればなるほど、表現のためのボキャブラリーがなくなり、どう表現していいのかわからなくなることもある。そういう点では、初めに聴いた製品のほうが有利。
○そのSACD／CDプレーヤーやスピーカーとの相性がいいアンプのほうが有利。
○相性は、プレーヤーやアンプだけでなく、ケーブルやラックの棚板、電源電圧との間にも生じる（100Vジャストの環境はむしろ少ないのでは）。
○同じ機種でも、実は1台ずつ微妙に音が違う。

　もちろん、筆者や担当編集者はこれらの問題を少しでも減らすため、「前日から通電する」「ヒートアップするときは、別のコンセントを用いる（ヒートアップは、別の部屋でおこなう）」「タイプが異なる2種類のスピーカーを用意する」といった努力をしていますが、それだけ気を使ってもすべての問題が解消されるわけではありません。

　しかし、あれこれ過去の例を思い浮かべてみると、いちばんやっかいなのは、複数人で聴くとき、他の評論家が何気なくささやくひと言かもしれません。もちろんその方に悪意はないのですが、試聴後ならまだしも、「この製品は、実はね」などと試聴前に解説されるともう駄目（いまのひと言に影響されないようにしようと身構えるだけで、もうかなりの影響を受けています）。往年の名捕手・野村克也氏は、様々なささやきとつぶやきで打者の読みを狂わせ、その反応からねらい球を察知したといわれていますが、人間とはかくももろいものなのです。

■■■　大規模オーディオ・イベントや試聴会の難しさ

　恵まれた環境でおこなわれるプロの試聴も理想にはほど遠い。ましてや、何十人もの参加者を相手にした試聴会というのはいかがなものか。「そんなもの無意味だ」という気はさらさらありませんが、少なくとも厳密な判定の場とは呼びにくいでしょう。その理由は、
○スピーカーを鳴らすには不向きな環境で、
○短時間でセッティングを完了させ、
○ふだん聴いたことのない音源を聴かせる。
○それも家庭では到底不可能な大音量で。
○仮に何かわかるとしても、それがわかる理想的な席は2、3席しかないのではないだろうか。

と思うからです。

　先日とある業界関係者にその話をしたら、「いいんですよ。あの人たちの多くは否定するために来てるんですから」と笑われてしまいました。なるほど、買わない理由を探しにくる。一理ありそうです。しかし、そういう人が多いと考えるとつまらないので、筆者としては「前向きにオーディオをやりたい人が圧倒的多数だ」と信じて、話を先に進めていきます。

　ちなみに、筆者が10年以上自宅リファレンスとして使っているルーメンホワイト　ホワイトライトというスピーカーは、2002年秋のインターナショナルオーディオショウで、ほんの数分聴いただけで購入決定。これは耳のよさを自慢しているわけではなく、先に書いた「自分の直感で"エイヤッ"と買ってしまえ」の典型的な例です。何でも飛び付くわけにはいきませんが、「たまには素直になったら」という提案でもあります。

　このスピーカーは、小音量でも魅力的。大音量でも破綻しない。音楽ジャンルや録音年代、録音のよしあしを超越して聴かせてくれる稀有な製品だと思うのですが、いつの間にか買えなくなってしまいました。ひょっとすると「村井が最初に買ったから、印象が悪くなったのではないか」と、責任を痛感しております。

●●●　　　　　　　　　　　　　　　　　　　　　　　**自宅試聴なら、どうよ**

　さて、大規模オーディオ・イベントや試聴会での正確な評価が難しいとなれば、あとはもう自宅試聴しかありません。しかし、これにもまた、いろいろやっかいな問題があります。

　テレビのクイズ番組などを見ていると、「こいつ、どうしてこんな簡単な問題がわからないんだ」と思うことがよくありますが、実際にその番組に出た友人をからかうと、「俺だって、家でテレビ見てるときは、簡単に全問答えられたよ。スタジオ入りして、テレビカメラを向けられると、途端に答えが出なくなるんだ」といわれます。これと同じことが、自宅試聴でも起きるのです。

　「この1週間で答えを出さなきゃな。なんたって5年ローン組むんだから、もし変なものつかんじまったら、5年間後悔し続けるなか、毎月○万円ずつ払い続けることになる。そんなのいやだ!」——こんなことを気にしながら試聴して、ちゃんとした評価なんかできるわけがないでしょう。

　ほかに、こういうこともあります。例えばアンプを自宅試聴する場合、現在使っているアンプの代わりに試聴機をつなぐわけですが、SACD／CDプレーヤー、スピーカー・システムやそのセッティングはもちろん、ラックや

ら各種ケーブルがすでに1つのまとまり（ウェルバランス）を作っているわけです。そのなかのアンプだけを試聴機に替えたとき、それは試聴機にとってベストな環境とはいいがたい。一種の四面楚歌状態（?）で、全体のバランスを崩し、へたをすると「いま使っている安いアンプのほうがいいんじゃないの?」という結果になることもあるのです。

かつて、あるオーディオ仲間が「その製品について語っていいのは、自腹購入して、何年間もその製品と格闘した人だけ」という名言を残しましたが、それに従えば、「たかが1週間聴いて何がわかる!?」というのが本当かもしれません。しかし、それを受け入れてしまうと、たかが2時間その製品を聴いて書いた雑誌記事は何なんだ（!?）と追及されること必至。そういうお声には、プロのひとりとして「長く聴いてわかることもあれば、短く聴いてわかることもあるんだ」とお答えしておきましょう。

さらに、個体差とエージングの問題もあります。試聴機がいくらすばらしいからといって、購入した新品がそれと同じ音を出してくれるかは不明。ある友人が「このCDプレーヤーは、試聴機とどうしてこんなに違うんだ!?」とメーカーにクレームをつけたところ、「新品だからです。エージングが進めば同じような音になります」と説明してくれたそうですが、その友人は結局、半年もたたないうちにその製品を処分。このエピソードの解釈は実に難しくて、「やはりエージングしても、同じような音にならなかったのか。個体差って怖いな」ともとれますが、筆者は「その友人が自分を被害者にしてしまったからではないか」と考えています。

●●●　　　　　　　　　　　　　　　　　　アナログ再生とPCオーディオについて

第3章以降は、雑誌に書いた原稿がメインになります。いや、別にコピペで手抜きしているわけではなく、「いま一度目を通してほしい。今日的意義大あり」と思った記事だけを厳選しています。「後世に残したい」は大げさですが、まあそれに近い気持ちでいつも書いています。特に総論は。

アナログ（LP）再生とPCオーディオは、そのなかでも最も重要な2本柱。手っ取り早くいえば、アナログ再生は理想であり、PCオーディオ、ネットワーク・オーディオは、それに近づくための現実。

多くのオーディオ仲間がアナログ中心のオーディオライフを送っていて、彼らのお宅を訪問するたび「なんとすばらしいのだろう」と圧倒されます。オープンリールテープやカセットテープの美しい音に感心させられることもしばしば。SP盤のガッツと立ち上がりのよさにKOされたことも。しかし、自分自身は職業上、その世界にどっぷりひたるわけにはいかないのです。

毎月100を超える新作ソフトを聴きますが、それらの多くはもちろんデジタル。当然、試聴環境はデジタル優先になっていきます。となると、セッティングや接続法は、どうしてもアナログに不利なほうへと傾いていく。ときどきいやになって、デジタル機器のケーブルをすべて引っこ抜くと、アナログの音がおそろしくよくなって「ああ、このままの状態でアナログだけ聴いていたい」と思いますが、その夢は叶いません。

　というわけで、PCオーディオ、ネットワーク・オーディオは、極力アナログ的な音を出せるよう努力しています。そのために、こんなことをやってきたという奮戦記をぜひじっくりお読みください。

●●●　　　　　　　　　　　　　　　　　　　　いわゆるハイレゾについて

　PCオーディオ、ネットワーク・オーディオにふれたので、ハイレゾ（CDを超えたフォーマットの音楽ファイル）についてもふれておきます。この話をしだすとアンチの方がかなりいらっしゃって、「そんなもの必要ない」という声が周囲にあふれますが、こういった方々は、

①本当にきっちり再生すれば、CDフォーマットで十分じゃないか。ハイレゾに走るのは、CDフォーマットのいい音を聴いたことがない証拠（実際、CDフォーマットでものすごい音を出している超人を、何人も存じ上げています）。

②これまでの長いオーディオライフのなかで、様々な新メディアに振り回されてきたから、もうこれ以上振り回されたくない。

③物としてのCDや回転メカが好きで、ファイルという無形のものに不安感を抱く。

④パソコンを、リスニングルームに入れるのがいやだ。そんなもので、まじめな音楽鑑賞ができるか!?

⑤実はパソコンが苦手なので、世の中の流れがそっちにいくと困る。

このなかのどれかじゃないかと思っているのですが、違っていたらごめんなさい。

　しかし、ここまで売れなくなったCDが今後盛り返すとは考えられないので、CD化されない音源は今後も増えていくと思われます。そうなったら、みんなが音源をダウンロード購入するしかなくなるので、そこでCDフォーマットに制約されるのはもったいないように思うのです。

　特に①の方。ハイレゾも、あなたの超人技できっちり再生すればいいだけの話なのですから、わざわざ否定することはないんじゃないでしょうか。もちろん、ハイレゾのほうにいきたくない方に無理強いすることはありません。

　しばらく前、ご自分のアルバムがハイレゾ配信されたアーティストが、ネ

ット上でこんなことをつぶやいていました。

「スタジオでこだわりまくって作った音。これまではCD化にあたって、情報をやむなく斬り捨てるという犠牲を強いていましたが、ハイレゾ配信で、そんな無理をしなくてすみます。とてもうれしいです。ほかのアルバムも、どんどんハイレゾ配信したい」

うろ覚えを文章化したので、これも原文そのままではありませんが、その点はどうかご容赦ください。

●●● 何のためにオーディオに取り組むのか

本当は最初にふれるべきだったかもしれません。しかし、これに一切ふれずに第2章に入るのも乱暴なので、ここに書き足します。

いろいろなところで発言してきたため、「またか」といわれそうですが、筆者はオーディオをひとつの道具だと思っています。音楽を聴くために、絶対必要な道具。もちろん、道具にはいろんなランクがあって、のこぎりひとつ取っても、様々な価格帯の製品があります。小学生のときに初めて読んだ「日曜大工入門」という文章には、「弘法筆を選ばずはウソ。そもそも、君は弘法か!?」という一節があり、「ビギナーほど、よい道具を使え」と書いてありました。

たまに音楽関係者のお宅を訪問すると、「えっ!? この再生装置でCDの良し悪しを判定してるの?」とびっくりさせられる方がいらっしゃいますが、これは皮肉でも何でもなしにすごいことです。きっとお耳が「弘法クラス」なのでしょう。

残念なことに、筆者はそういう能力に欠けているので、少しはましなオーディオ・システムを構築しています。そうしないと、面白さがわからない音楽があるからです。ハッキリ見えるメガネと同じだと思っています。

しかし、そのあたりの受け止め方がかなり異なる方もいらっしゃるようで、「高価なオーディオ機器でCDを再生すると、どんな演奏でも名演に聞こえるからいやだ」とおっしゃる方に出くわすことがあります。筆者は長い間、メガネなしで生活していましたが、初めてメガネを作ったとき、「世の中はこういうふうになっているのか!? 自分はこれまで何も見てなかったんだな」と仰天しました。前述のような方は「きっとそれに似たショックを感じられたのだろう」「よほどショックが大きかったのだろう」と推察しているのですが、いかがなものでしょう。

いわずもがなですが、いくらオーディオ・システムのクオリティーを高めても、凡演は凡演。隠れていた魅力が明らかになる場合もありますが、もと

もとないものは、どうしたって現れてこないのです。

●●● 　　　　　　　　　　　　　　　　人を驚かせるためのオーディオはやらない

　仰天つながりで、優秀録音盤についてもふれておきます。オーディオ評論家の仕事のひとつに「優秀録音盤を紹介する」というのがありますが、筆者はどうもこれが苦手です。「優秀録音盤の定義」が人によってかなり異なるのがその理由。では、「優秀録音盤」とはどんなものか。
①人を驚かせる、ものすごい音が入っている。
②ワイドレンジで、ノイズも少なく、定位が明確で、歌手の口が小さい、解像度も優れている（プロの録音家としての仕事が、瑕疵なくおこなわれている）。
③演奏者の生音に近い音が入っている。
④購入者が「こういう音で聴きたい」と願う音が入っている。

　思い付くままあげていくと、この4つでしょうか。もちろんこの4つは互いに重なり合うこともあるのですが、筆者は③に相当肩入れしていて、②は比較的どうでもいいと考えています。演奏者の足音、鼻息、すすり泣きが入っていても気になりません。しかし、②を気にされる方は意外と多く、①を支持される方もかなりいらっしゃいます。さらに、近年は④を重視する方が増えつつあると感じています。きっと、生音での演奏はありえない音楽ジャンルが、多くのファンを獲得しているからなのでしょう。

　①については、かつて自衛隊の実弾射撃演習やゼロ戦、蒸気機関車などの録音が話題を呼びました。筆者もかなりの数持っていて、オーディオ愛好家の集まりでかけて、座を盛り上げることもあります。しかし、あくまで「余興」のつもりでやっています。

　①から④まで、それぞれ支持者がいるのですから、共存していけばそれでいいと考えますが、③が少なくなるのは困ります。人を驚かせるためにオーディオをやっているのではないからです。

●●● 　　　　　　　　　　　　　　　　　　　　　　ご要望のあて先

　これは十数年前、長岡鉄男氏が同じようなことをお書きになっていらっしゃいました。「こういう記事を書いてください」と評論家本人にリクエストしても、それは実現しないのです。雑誌記事のリクエストは、各誌編集部のほうへお願いします。単行本のリクエストは青弓社へ。

　放送内容も、直接ラジオ局へ。「2時間番組にせよ」「もっと聴きやすい時間帯にして」など、どしどしご要望ください。

　「わが町に講演に来てください」というお声もときどきちょうだいしますが、

これも評論家自主興行というのはありえないので、お近くのショップや地域オーディオ・イベント主催者のほうへ「村井を呼べ」とリクエストしてください。いわゆる「オーディオ・クリニック」のご依頼は、各誌編集部へ。関西のある方から「大阪ハイエンドオーディオショウの講師に、村井さんを呼べと毎年アンケートに書いているのですが、なかなか実現しません」というメールをちょうだいしたことがあります。ありがたくて涙が出ました。

　旅費・宿泊費プラスわずかでもギャラがいただけるなら、全国どこへでもおじゃまします。

　イベント出演情報は必ずツイートいたしますので、チェックをよろしくお願いします。

●●● 吉松隆氏のエッセイから学べること

　クラシック音楽向上委員会編『クラシック名盤＆裏名盤ガイド』（洋泉社、1998年）という本を愛読していますが、その巻末に、「凡演と名演。その紙一重の構造」という吉松隆氏のエッセイが載っています。大変興味深い内容なので、ぜひお読みいただきたいと思います。ざっくり要約すると、「名演」は必ずしも「名演奏」の結果ではなく、「名演奏」が常に「名演」に聞こえるわけではない。つまるところ、音楽とは「いかにして幻想を生みだすか？」なのである。だから、「幻想」さえ抱けば、どんな演奏にでも感動できる——といった内容です。その例として、老指揮者が舞台に現れただけで感涙する聴衆、それまでひどい演奏だと思っていたのに、「あのヴァイオリニストは癌なんだ」と知らされると涙なしには聴けない「名演」になってしまったケースなどがあげられています。

　この「幻想」のことを「妄想」という人もいますね。筆者は「物語」とか「ストーリー」と呼びます。人はみな、自分が作った「物語」のなかで生きているのです。オーディオ関係者のなかには、この「物語」が強烈な人が多いような気がしますが、筆者の思い過ごしでしょうか。まあ、お互い人様の迷惑にならない程度に、幸せな「物語」のなかで生きていきたいものです。

　先ほど、試聴の難しさについて述べましたが、多くの方は試聴前に結論を出しているのだという説もあります。ある人の場合は99パーセント「買う」と決めている。しかし、一抹の不安が残るため、自分の背中をポンと押すために試聴。もちろん、その逆もあります（メーカーやショップの立場からは「やめてくれぇ！」ですが）。ひょっとすると、「物語」の終盤に大きなヤマ場を作ろうとしているのかもしれません。ラストの前に起きる敵と味方の大合戦のようなもので、その分、購入時の感動がより大きくなるような気がします。

しかし、本当の「物語」は機器ご購入後に始まる。どうかこれだけはお忘れなく。

第1章●いま考えていること、ぜひ伝えたいこと

●第2章

わが家で生き残ったオーディオ機器

　2014年1月時点で、筆者が使っている機器の一覧です。

【アナログ・プレーヤー】アコースティック・ソリッドSolid Wood MPX＋オルトフォンのアームRS－212D（フォノケーブルを、Ge3「超銀蛇シールド」に交換）。カートリッジはルミエールのLUMIERE－ONE。フォノイコライザーもルミエールDUCATO－Ⅱ。

【SACDプレーヤー】ソニーSCD－XE800改＋外付けD／AコンバーターFIDELIX CAPRICE。SCD－XE800とCAPRICEの接続法に関しては、FIDELIXに直接お問い合わせください。

【ユニバーサル・プレーヤー】OPPO BDP－83ニューフォース・エディション

【ミュージックバード専用チューナー】CDT－1AMD

【ネットワーク・プレーヤー】LINN　マジックDS

【PCオーディオ】EPSON　エンデバーST150Eとマイテック・デジタルのD／Aコンバーター　STEREO192－DSD DACをUSB接続。再生ソフトは主にHQ Player。

　このD／Aコンバーターには、ネットワーク・プレーヤー、ミュージックバード専用チューナー、プラズマテレビ（パナソニックTH－P65VT2）、ブルーレイディスクレコーダー（DMR－BZT9600）も接続しています。これらの切り替えには、インフラノイズDR－3000を使用。

【プリアンプ】マックトンXX－550

【パワーアンプ】ハルクロdm38

【スピーカー・システム】ルーメンホワイト　ホワイトライト

　ケーブルは、インフラノイズ「リベラメンテ」シリーズ、Ge3「超銀蛇シールド」シリーズ、オーディオFSKの混成部隊。

　マンションなので簡易的にですが、出水電器にオーディオ用電源工事をしてもらい、デンテックIPT－4000A、中村製作所Uniplay1000といったノイズカットトランス（200V→100V）を使っています。

　ここに書ききれないアクセサリーに関しては、第8章をご参照ください。そちらで取り上げている製品の大多数は、わが家で活躍中です。逆にいえば、わが家で使って「本物だ」と思った製品だけを、第8章で取り上げています。

アコースティックソリッドSolid Wood MPXに、オルトフォンのアームRS-212D、ルミエールのカートリッジLUMIERE-ONE（筆者撮影）

上からインフラノイズDR-3000、ソニー SCD-XE800改、OPPO BDP-83ニューフォース・エディション、マックトンXX-550、マイテック・デジタルStereo192-DSD DACなど（筆者撮影）

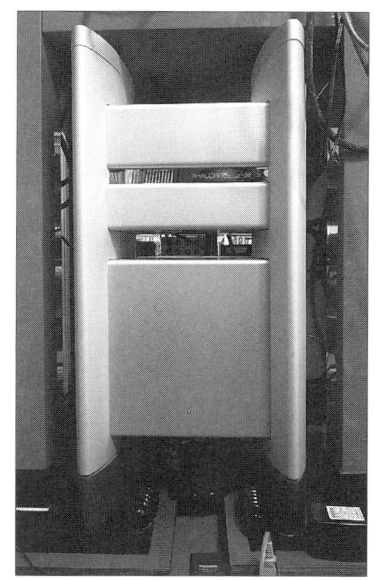

ラックの裏側にパワーアンプ、ハルクロdm38（筆者撮影）

左が自作スピーカー「がんばろう!ニッポン」。右はルーメンホワイト　ホワイトライト（筆者撮影）

● 第3章

アナログ再生との格闘 (2008年春—09年暮れ)

　迷い、ためらいながらアナログ再生の道に踏み込んでいく過程を、できる限り詳しく書き残した。当初コスモヴィレッジのウェブサイト「Digital Village」（すでに閉鎖）にアップされたが、途中から書き下ろし。

■■■　　　　　　　　　　　　　　　　　格安プレーヤー Vestax BDT−2600の魅力
　2008年5月、Vestax BDT−2600というアナログ・プレーヤーを購入した。マーク・レヴィンソンがマスタリングを担当した『輝きのテレサ・テン～永遠の歌声～』（ABC Records、2008年）というLP＋CDをエンゼルポケット秋葉原（当時）で強く薦められ、それを聴くためにどうしても必要になったからだ。
　数あるプレーヤーのなかからBDT−2600を選んだわけは、以下のとおり。
○何よりベルトドライヴである
○とりあえず、使えそうなMMカートリッジが付いている
○フォノイコライザーも内蔵
○着脱可能なダストカバー付き
○それでいて、実勢価格は3万2,000円
　当時話題となったハイエンド・アナログ・プレーヤーの100分の1以下の価格だが、このプレーヤーで再生してよさがわからないなら、『輝きのテレサ・テン～永遠の歌声』は「大多数の読者にとっては無意味なソフト」と切り捨ててもいいだろう。そう考えた。
　BDT−2600は、発注翌日に配送された。ひょいひょいっと組み立て、まずは仕事用の（メーカーや雑誌の試聴室で何度も聴いている）チェック用ディスクをかける。
　——不思議だ。実勢価格3万2,000円なのに、ちゃんとアナログの音がする。もちろん、メーカーや各誌試聴室に置いてあるプレーヤーと同じ音ではないが、「ここだよここ」「ここがアナログ」と叫びたくなるような瞬間が、1分間に1回はある。
　ただし、気になる付帯音が皆無ではないので、fo.Q（フォック）をターンテーブル、アーム、シェルに貼り付けてチューン。
　——よしっ。これで十分使えるぞ！

いよいよ、『輝きのテレサ・テン〜永遠の歌声』をターンテーブルにのせる。さて、どんな音が飛び出してくるか。

●●● アナログvsCD　真剣勝負!!

おっと、アナログディスクに針をおろす前に、同内容CDの音をチェックしておこう。

――ううん。すこぶるよい。約8,000円のLPに付いてくるオマケだが、このCDを聴いていると、「このCDだけを目当てに8,000円払っても惜しくないな」という気がしてくる。それくらい好もしい音だし、いわゆるCDの弱点をほとんど感じさせない音なのだ。温度感やや高め。ウエットな泣き落とし系。アナログ的な音といってもいい。

『輝きのテレサ・テン〜永遠の歌声〜』（ABC Records）

Vestax BDT-2600
（出典：http://www.vestax.jp/products/detail.php?cate_id=83）

では、マーク・レヴィンソンが作ったアナログディスクはどんな音がするのか（ここで針をおろす）。こりゃ「泣き落とし系」を超えて、「泣け泣け」までいくぞ!「一つひとつの音がどう立ち上がるか」「レンジの広さは」「フォーカスの合い方は」といったことをチェックしていくと、CDにかなわないのだが、これはおそらくアナログ・プレーヤーとCDプレーヤーの価格差（おおよそ30倍）によるものだ。このアナログディスクは、そんなプレーヤーで聴いても、音質評価をしているのが馬鹿馬鹿しくなってくるのだ。別の言い方をすると、音が素通りしていかない。耳で聴くのではなく、テレサ・テンの思いがこちらの全身に染み通ってくるといえばよいか（それも、かなりの浸透圧で）。だから「愛人」を聴いていると、「人目を気にして、外で逢えなくてもいい。待つ身の女でいい」という気持ちになるし、「つぐない」を聴いていると、「同棲がうまくいかなくなったのは、すべて私のせい。私よりかわいい人がさがしてね」と自虐的になってしまう……。ウチのやつなんか、アイロンかけながら泣き崩れていた。いったい何を思い出していたのか!?

「ふざけるな。もっと客観的な音質評価をしろ」とお怒りの方もいらっしゃるだろうが、テレサ・テンご本人が耳元で語りかけてくるときに、「○○Hz

あたりのピークが耳につく」「モーターのゴロが聞こえる」などと考えていられたら、相当変な人だ。ボクは、そんな人には到底なれない。

　このアナログディスクをハイエンド・プレーヤーで再生するとどうなるのかは今後の課題だが、「エントリークラスのプレーヤーで再生しても、十分魅力を感じることができること」だけは明らかになった。

　最後に、付属CDとLPの違いについて書く。今回は両者を聴き比べながら、「北風と太陽」を思い出した。「どうだどうだ。すごいだろう。いい音だろう。ほらほらほら」と鳴りまくる付属CDに比べると、LPのほうは一聴控えめ。だが控えめなのに、こちらの心に染み入ってくる力はかえって強く感じられるのだ。

　しかし、こうやってマーク・レヴィンソンが作ったCDとLPを聴き続けていると、「あの人、やっぱ並の人じゃない」という思いを抑えることができない。フツー、LPにオマケCDを付けるとしたら、LPのよさがハッキリ引き立つような（かませ犬的）CDを作るのではないか。仮にそういうCDを付けたとしても、誰も文句はいうまい。だって、あくまでオマケなのだから。

　ところがマーク・レヴィンソンは、「これでもか」というほど音のいいCDを作り、そのCDと比べても（しかも超安いプレーヤーで再生しても）、何らかの差をつけるようなLPを作ってしまう。

　マーク・レヴィンソンおそるべし！

●●●　　　　　　　　田んぼのなかのレコード屋、「ニイノニーノ」が高級住宅地に移転
　2008年8月、博多行きの全日空便に乗った。「田んぼのなかのレコード屋」「ニイノニーノ」が4カ月ほど前、高級住宅地に転居。その新店舗で、お得意さんたちの例会「こだわりの杜夏祭り」が開かれるというので、急遽参加することにしたのだ（「ニイノニーノ」転居については、季刊「Analog」第20号〔音元出版〕266ページ参照）。

　さて『輝きのテレサ・テン〜永遠の歌声』は、「ニイノニーノ」新店舗でどう鳴ったのか!?

　ターンテーブルはVPI。何年も前の製品らしいが、「最新型に換えると、このトーンアームが使えなくなるから、この製品を使い続けている」とのこと。肝心のトーンアームは、エミネント・テクノロジー社のモデル2 (?)。要するにリニアトラッキング・アームなのだが、かつて雨後のタケノコのように発売された製品群にありがちな、「メカメカしい機械制御の臭い」はカケラほどもない。プリアンプは、コンバージェントオーディオテクノロジーSL-1Ultimate MK2。パワーアンプも同JL-2。プリとパワーを足すと、

税込みで400万円を軽く超えてしまう管球式セパレートである。スピーカーはマーチンローガンCLS/ⅡZ。静電型スピーカーの横綱だ。

　このシステムで再生する『輝きのテレサ・テン〜永遠の歌声』。わが家との違いは、1にウエット感、2にしなやかさ、3に輝かしさ、4に安定感だろうか。クオリティーが数段向上したのに、CDのような「よそゆきの音」にならないところもうれしい。

　いやぁ。よいとは思っていたが、ここまでの情報が入っているとはねぇ。それでいて、わが家で聴く音とある種の共通点も感じられる。3万円プレーヤーで再生しても、しっかり調整されたハイエンド・プレーヤーで再生しても、アナログはアナログなのだ！
「きょう聴いたレコードのなかで、いちばんいい音だったんじゃないの？」とつぶやいておられる方がいた。「愛人」や「つぐない」を聴いて、「昔、こういう場面があったんだよね」とか、「俺も、全く同じセリフを言われたことがある」「うん。やっぱ、わしもつぐなわなきゃ」としんみりされる方もいた。

　もちろん、そんなことは誰も尋ねていない。しかし、アナログって、誰にも話していない個人的な心のひだに染み入ってくる、不思議な浸透圧を持っているのだ。

　「ニイノニーノ」での「こだわりの杜夏祭り」を早めに抜け出し、筆者は博多駅前のホテルへ。テレビをつけると、

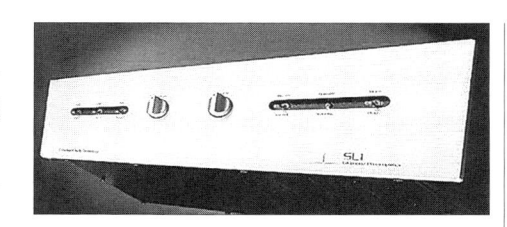

コンバージェントオーディオテクノロジー SL-1Ultimate MK2
（出典：http://www.imaico.co.jp/cat/）

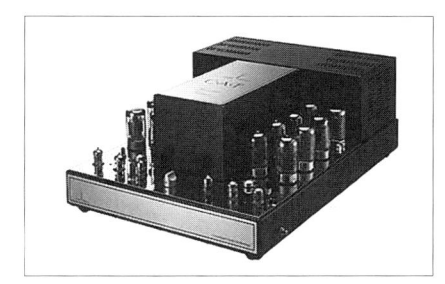

JL-2 真空管パワーアンプ
（出典：http://www.imaico.co.jp/cat/）

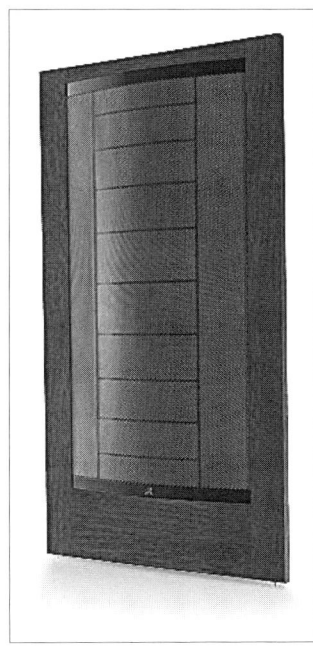

マーチンローガンCLS/ⅡZ
（出典：http://www.audiocircuit.com/Home-Audio/Martin-Logan）

第3章●アナログ再生との格闘

023

ちょうど谷亮子が北京五輪48キロ級準決勝で3度目の指導を受けるところだった。別に彼女のファンではないが、「あの判定はないだろ」と思うと、くやしくてなかなか寝付けない……。

●●●　　　　　　　　　北九州市を代表するオーディオ愛好家のお宅を訪ねる

　翌日曜日は、「ニイノニーノ」常連さんのなかでも「抜きん出ていい音を出している」という噂のCROWさん宅（北九州市八幡西区）を訪問。生粋のアナログ派で、ジャズを好む。奥様は声楽を好むというのに、スピーカーはなぜか音場重視の某高解像度型！

　最初にかかったLPはオスカー・ピーターソン・トリオの『ウィ・ゲット・リクエスツ』。その次は、ピエール・フルニエがソロを弾いて、ジョージ・セルがバックアップするドヴォルザーク『チェロ協奏曲』であったか。あとは何がかかったのかまるで記憶にない。なぜって、そのスピーカーらしからぬ「ふくよかで、色っぽく、わざとらしさゼロの音」にとことん魅了されてしまったから。

　プレーヤーは、SOTAのターンテーブルに、エミネント・テクノロジーのリニアトラッキング・アームを組み合わせたもの。フォノイコライザーはTRIGON。プリはエアー。パワーアンプはジェフロウランド。しかし、「これとこれを組み合わせれば、この音が出る」というような単純な話ではなく、壁、天井、各機器の足元などに、「おおお」とうならされるワザが隠されている。例えば、スピーカー下に敷かれた自作ボード（いくら眺めても、さわっても、何でできているか見当もつかん!!）。

●●●　　　　　　　　　　　　オリジナル盤の嵐と博多風鶏の水だき

　そうこうするうちに、「北九州杜の会」会長NEWKSさんと若手会員Dさんが現れる。もちろん「ぜひともみんなに聴いてもらいたいオリジナル盤」を何枚も手にしてのご登場。お2人は、ソニー・ロリンズ『ワークタイム』（Prestige Records、1995年）、クイーンのライヴ盤、ザ・モンキーズなどを次から次へとかけ換え、当時の時代状況やアーティストたちがいかに受け入れられていたかについても熱っぽく語り続ける。しかし、この「うんちく」がちっとも偉そうじゃないからすごい!!　そのあと出された鶏の水だき＋鯛茶漬けも「超」が付くほどおいしかったけど。

●●●　　　　　　オリジナル盤の直後にかけても聴き劣りしないテレサ・テン

　で、いよいよお別れというときに、「村井さん。やっぱりテレサ・テンか

けてくださいよ」ということになり、大急ぎで1曲かける。

　うぅん。前日「ニイノニーノ」で聴いた音と同じではないが、ある種の共通点を感じるのは、リニアトラッキング・アームの個性なのか。ああ、こういう音をわが家でも出したいなぁ。
「こういう歌手って、いまなかなかいないですよね。声の強弱や高低のテクニックだけを評価したら、もっとうまい人はいくらでもいるんだけど、だからといってその分、感動できるワケじゃない」
　これはNEWKSさんのお言葉だが、声の強弱をDレンジに、高低をfレンジに置き換えると、そっくりそのままオーディオ論にもなりうる。

●●● 　　　　　　　　　　　　　　　　アナログオーディオの楽しみは
　新納広倫さんがつぶやいていた前日のセリフも、ここに書き残しておこう。「アナログオーディオは、本当に楽しいです。しかしその楽しさは、細部の調整を突き詰めて、初めて味わえる世界。「名機を買いました。つなぎました」じゃ、とても到達できない境地なんです。だから私はレコード屋だけじゃなく、今回オーディオ屋も始めることにした。ウチで買ってくれた装置なら、いい音が出るまでとことん調整に行きますよ。昔はそういうことができる人、たくさんいたけど、いまはいない。それどころか、「きちんと調整された高度な音」を聴いたことがある人もいないんだから」
　夕刻帰京すると、ウチのやつはこう言った。「あなた。面白い体験がイッパイできてよかったわね。これもアナログとテレサ・テンのおかげ。これからも、テレサ・テン持って、全国を回るんでしょ（怒）」
　おいおい、そんなにはうまくいかんよ。しかし、そんなおいしいこと、できたらいいだろうな。次回は、『スプリームステレオサウンドNo.2──マエストーソ・クラシック』（ABC Records）についてレポートする予定だ。

●●● 　　　　　　　　　　　「ニイノニーノ」での感動が大きすぎて……
　次回は『スプリームステレオサウンドNo.2』を紹介するぞ、みたいなことを書いてから、おおよそ1カ月が経過……。とうとう、読者からクレーム電話がかかってきた！！
「村井さん。どうしたんですか（怒）。1カ月間のブランクなんて、ネット上じゃ、まずありえない。『マエストーソ・クラシック』聴いてみたけど、つまんない。購入する値打ちなしってことなんですか」
「いやぁ、そんなことないですよ。このアルバム、ゲルギエフとケント・ナガノによる管弦楽名曲集なんだけど、オケはウィーン・フィルハーモニー管

弦楽団とベルリン・フィルハーモニー管弦楽団だし、オーディオマニアが喜びそうな曲が目白押し」

「だったら、1日も早く紹介してくださいよ」

「それがそうはいかない。8月上旬に、福岡の「ニイノニーノ」に行った話は読んでくれてる？」

「ええ、もちろん。なかなか有意義な会だったようですね」

「でも、有意義すぎて、自分ちでアナログ聴くのがいやんなっちゃって（苦笑）」

「だったら、一気にハイエンド・アナログシステムを構築すればいいじゃないですか。7月27日でハルクロの2年半ローンは終わったんでしょ」

「あなた、よくそんなこと覚えてるね（苦笑）。確かにあれは終わったんだけど、年末にGe3の超ハイエンド・ラック（150万円、本書19ページ右上の写真）を買う予定で、いま貯金してるから、ハイエンド・アナログシステムは当分お預け」

●●●　3万2,000円プレーヤーにカツを入れる！

「で、この1カ月間、何してたんですか」

「いま使っている実勢価格3万2,000円のプレーヤーの音を何とか「ニイノニーノ」のレベルに近づけようと奮闘してた。ヘッドシェル、トーンアーム、ターンテーブル、筐体にfo.Q（フォック）を貼ったという話はすでに書いたけど、「ニイノニーノ」から戻ったあとは、プレーヤーをピュアオーディオ・スペースからAVスペースに移して、各種電源トランス、インフラノイズのマグナライザー（磁気浮遊式インシュレーター）MR－909、Ge3の大黒アゲハとLPスタビライザー「響（ひびき）」、DENONのMC型カートリッジDL－103と昇圧トランスAU－300LCを組み合わせて、試行錯誤の繰り返し」

「アクセサリー全部足すと、プレーヤーよりもはるかに高くついてません？」

「3万2,000円のプレーヤーを買って、これこれこういう対策を全部せよと勧めてるワケじゃないから、勘弁して（笑）。「これだけやって、どこまでいけるか」という、いつもながらの自腹実験だから。おかげでずいぶんいろんなことがわかったし」

　こうして、わが家のアナログサウンドは大幅に進化・向上（特に、LPスタビライザーGe3「響（ひびき）」が効いた！）。もちろん「ニイノニーノ」で聴いた音と同格ではないが、何をかけても惨めな思いをすることはなくなった。おかげでこの1カ月、LPをかなりの枚数買い込んでしまったが。

●●● 『マエストーソ・クラシック』の魅力は

さあ、このシステムで、改めて『スプリームステレオサウンドNo.2』を聴いてみることにしよう。

A面1曲目は、オルフ『カルミナ・ブラーナ』から「おお、運命の女神よ」。中世の世俗的な歌詞をベースにした、舞台付きカンタータ。こんなふうに書くと、やけに堅苦しい曲じゃないかと勘ぐられそうだが、各種格闘技イベントや映画で「これでもか」というほど使われているから、初めて聴くという人は極めて稀。「こ、これ、カルミナ・ブラーナだったの!?」と多くの人が驚かれるにちがいない。演奏は、ケント・ナガノ指揮ベルリン・フィル。

冒頭から、ティンパニの強打、盛り上がる女声合唱に圧倒されるが、ボリュームを上げてもうるさくないのはアナログならではの魅力。その直後たづなを引き締め、ppをしばし続けたのち、再び大爆発してエンディングへと突っ走るのだが、Dレンジの広さと低域の充実ぶりには目を見張らざるをえない。

2曲目は、バーンスタイン歌劇『キャンディード』「序曲」。作曲者が『ウェストサイド・ストーリー』よりも力を入れていたのに、興行的には失敗してしまった作品。その原因の半分は、ややこしすぎるストーリーにあると思われる（何とかわかりやすくあらすじを紹介しようと頑張ったが、断念。それくらいややこしいのだ）。演奏は、ヴァレリー・ゲルギエフ指揮ウィーン・フィル。

いやはや、おもちゃ箱をひっくり返したような、楽しい音に満ち溢れた曲だ。バーンスタインは、「こうすれば、この楽器が生きる」というノウハウを無限に持っていた人なのだろう。時代的に近いからか、リヒャルト・シュトラウスやガーシュインを思わせる響きも随所に現れる。MGMミュージカルの映像とシンクロしそうなフレーズもてんこ盛り。しかし、これほどノリノリで聴いていられるのは、

Ge3の大黒アゲハ
(出典：https://ge3.jp/index.php?main_page=product_info&products_id=94)

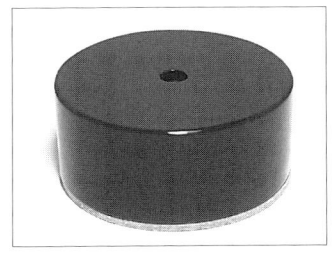

Ge3のLPスタビライザー「響（ひびき）」
(出典：http://audio.ge3.jp/modules/products/index.php?content_id=49)

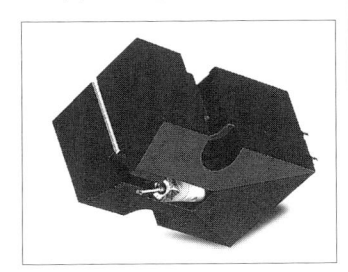

DENONのMC型カートリッジDL－103
(出典：http://www.denon.jp/)

DENONの昇圧トランスAU－300LC
(出典：http://shopafroaudio.com/2014/07/01/24147/)

情報量が多いのに押し付けがましくないから。

　3曲目は、ビゼー歌劇『カルメン』から「カドリール」。「カドリール」といっても、4人一組で踊る宮廷ダンスや人馬4騎による行進ではなく、「4人組みの花形闘牛士が、闘牛場にやってきたぞ」と熱狂する子どもたちや群衆による合唱。これが終わると、闘牛士エスカミーリョとカルメンが熱い抱擁を交わし、元カレ（いまではストーカー）のホセが人ごみから2人を見つめる。もちろん、最後はホセがカルメンを刺してしまうのだが、のちの悲劇を強く印象付けるためにも、大いに盛り上げてほしいシーンだ。演奏は、ケント・ナガノ指揮ベルリン・フィル。

　下品なあおり方とは無縁なのに、ここまで場を盛り上げられるのは指揮者の手腕？　あざとくならない程度に緩急をつけ、合唱団員たちをこれ以上ないほどいい気持ちにさせていく。さきほど、「のちの悲劇を強く印象付けるための曲」みたいなことを書いたばかりだが、なんのなんの、これはこれで見事に自立した作品だ。ただ、そこまで感心させてくれない演奏が多すぎるということなのだろう。

◆◆◆　ムーティ指揮ウィーン・フィル3年ぶりの来日

　ここまで原稿を書いたあと、サントリーホールでリッカルド・ムーティ指揮ウィーン・フィル来日公演（2008年9月16日）を聴く。3年前と同じコンビが聴かせてくれるのは、ハイドン『交響曲第67番』とブルックナー『交響曲第2番』。「なんで、ハイドンとブルックナーなんだ!?」という問いには、「同じ楽器、同じ音から始まる」とだけ答えておこう。筆者にとっては、取り合わせの妙よりも、第一級モダン・オーケストラによるハイドンを聴くことが重要なのだ!

　ご存じのように、1980年代半ばから、モーツァルト以前の曲は古楽器で演奏するのが当たり前になった。筆者は、ブリュッヘン、エストマン、アーノンクール、ノリントンらの演奏がしっくりくる性質なので、それはそれでうれしいことなのだが、たまにはモダン・オーケストラによる演奏も聴きたい。それも往年の巨匠たちそのまんまコピー（アナクロ趣味）でないのを。

　ああ、3年前の来日公演で聴いたモーツァルト『交響曲第35番K.385「ハフナー」』『協奏交響曲K.364』『クラリネット協奏曲K.622』のすばらしさよ。モダン楽器で演奏しているのに、かつての巨匠たちによるそれとは一線を画し、誰かさんのようにあざとく「古楽器演奏のエッセンス」をチョイ混ぜしたりすることもない。

　典雅にして高貴。適度な練り込み具合。馥郁たる香りに満ちた響き。これ

ら「ウィーン・フィルならではの魅力」におぼれることなく、ムーティはそこに南欧風の陽光をあて、きっちりリズムを刻んでいく。あの名コンビが、今年はどんなハイドンを聴かせてくれるのか。

●●●　　　　　　　　　　　　　　この音を、何とか自宅のスピーカーから出したい

　ハイドンは、2曲目のブルックナーに比べれば少人数で演奏されたが、目を閉じて聴くと、もっと少ない人数で弾いているかのように聞こえた。これが「室内楽的演奏」の典型？　けして神経質に合わせたりはしていないのに、この合奏精度はどうだ。わざとらしくない響きはどうだ。
　もちろんハイドンだから、リヒャルト・シュトラウスやチャイコフスキー、ドヴォルザークを演奏するときのような「濃い音」は出さない。では、薄い音、あっさりした音なのかというと、そうでないところが興味深い。京料理のだしみたいなものか？
　1980年代スカラ座で「俺が、俺が」的な仕切り方をしていたムーティも、オケの自発性を最大限活かしているかのように見える。
　しかし、こんなにも見事なハイドンを聴きながら、筆者の頭は次第にオーディオ側へとシフトしていった。「気持ちいい音だなぁ。この音と自宅で聴いている音、最大の違いは何だろう。どうすれば、こういう音を自宅で出せるのだろう」――こんな感じで。

●●●　　　　　　　　「生音の雰囲気をたたえた音」を再生するのが得意なアナログ

　生音とオーディオ機器から出る音（再生音）の違いについては何度も書いているが、
○生音は、音像や定位が再生音ほど明確ではない。
○生音は押し付けがましくない。そのくせ、こちらから身を乗り出して聴くと、無限の情報を提供してくれる。
○生音は、演奏に関係ないノイズ（ステージ上や観客席のいすの音、何かを落とす音、エアコンなど）がけっこう聞こえる。
○生音に、「重」低音はない。
○生音は、概してウエットであり、温度感も高め。
○生音は、直接音の輪郭強調がなく、間接音のウブ毛が多い。
　ほかにもなくはないが、こうやって思い付くまま書き並べただけでも、「生音の雰囲気をたたえた音」の再生にはアナログのほうが有利だということがおわかりいただけるのではないか。
　でも、ここんとこ、誤解しないでくださいよ。あくまで「生音の雰囲気を

たたえた音」という話であって、どちらが原音に忠実か、測定してみると云々といった話ではない。

◆◆◆ 『30Years Tubes──真空管録音30年』を開封する

『30Years Tubes──真空管録音30年』（これまたABC Records）の封を切り、ターンテーブルにのせる。『30Years Tubes』は、真空管マイク（ノイマンM49、CMV3、U47など）を用いて録音されたヴォーカルのオムニバス盤。ケニー・ロジャース「When I Fall in Love」、ルイ・アームストロング「Blueberry Hill」、ナタリー・コール「You're Mine You」と続くが、筆者はこの手の「大人のヴォーカル」を最も苦手とするため、楽曲・歌唱についての言及は避ける。

ただ、このアルバムは、「再生音特有の押し付けがましさ」がほとんど感じられず、それでいて「かなりの情報量」を有し、「適度にウエットかつウォーム」。「音像の輪郭強調」も気にならない。要するに、「オーディオ臭さ」とは対極の位置にある世界で、生音そのままではないが、「生音の雰囲気をたたえた音」。ただ、ムーティ指揮ウィーン・フィルの生よりはかなり濃い口だが。

おかげで、最も苦手なジャンルであるにもかかわらず、AB両面とも4回ずつしっかり聴かされてしまった。

ムーティとウィーン・フィルはまだ日本に滞在していて、あさっての夜は、ロッシーニ歌劇『セミラーミデ』「序曲」、ストラヴィンスキー『妖精の口づけ』による交響組曲、チャイコフスキー『交響曲第5番』を演奏してくれるのだが、その公演もこんなふうに録音して、LP化してくれると嬉しいのに。

メジャーな指揮者だからといって、新譜がどんどん発売されたのはひと昔以上前の話。ムーティは、フィリップス・レーベルの『モーツァルト：交響曲全集』、EMIレーベルの『ヴェルディ：歌劇全集』ともに頓挫してしまったから、ファンとしては余計飢餓感がつのる……。

ゲルギエフやケント・ナガノのLPが出たのだから、ムーティのLPが出ってもおかしくないのでは──。そんなことを思いながら、もう一度『30Years Tubes』に、針をおろすことにしよう。少なくとも、このLPはリスナーを裏切らない。

◆◆◆ 「Stereo」2008年10月号の記事がやけに気になる

「Stereo」（音楽之友社）2008年10月号に、「あの音を狙い撃ち!! インシュレーターで音創り」という記事が載った。おなじみ田中伊佐資氏と鈴木裕

氏プラス筆者（若手新御三家）が、まずは21種のインシュレーターを自宅試聴（予習）し、その数日後、音楽之友社試聴室で激突！
「俺なら、ここでこのインシュレーター使うね」
「いや。そういうときはそっちじゃなくて、こっちだよ」
「何言ってんの!?　そこはこれとこれの合わせワザでしょ」
　しかし、3人の脳裏を占拠していたのは、実はインシュレーターよりアナログ・プレーヤーだった！　なぜって、その数日前、鈴木裕氏がアナログ・プレーヤーの集中試聴をしていて「アコースティック・ソリッドのSolid Wood MPXがよかった」と言い切ったからだ。さらに、その場に居合わせたカメラマン山本博道氏が「あれはホントにすごい。リジットなプレーヤーだから、インシュレーターやボードの試聴にも使えるし、ユニバーサルアームを付けて買えば、ヘッドシェルやリードワイヤー、トーンアームケーブルの試聴も可能。今後ライター生活を続けるお三方にはこれしかない！」と強烈な後押し!!
　「Stereo」2008年10月号は9月19日に発売されたが、筆者は真っ先に119ページを開いた。Solid Wood MPXに関する鈴木氏のコメントを拾ってみると、
○ソフトの音楽性を十全に出してくる。ポテンシャルは高い。
○音色の数が豊富。
○ウッドベースの音がなんか気持ちよかった。
○聴きながら価格の計算をしてしまいました。
と賛辞が続く。数日後、山本博道氏から聞いた話によれば、オーディオユニオンお茶の水ハイエンド館にちょうどSolid Wood MPXの出物が見つかり、鈴木氏が身を乗り出したものの、ターンテーブル外周にわずかな傷が見つかって、即購入には至らなかったとのこと。また「田中伊佐資氏がそれをねらっているらしい」というウワサも聞こえてきた。
　12月21日、かつて「A&Vヴィレッジ」（コスモヴィレッジ、1993—2006年）で健筆をふるった今井明氏をわが家にお招きする。そして、BDT−2600の内蔵フォノイコライザーとそれをパスするスイッチを取り外し、トーンアームからのケーブル（超極細!）と外へ出すピンケーブルを直結してもらう。たったそれだけのことで、音楽の表情ががぜん生き生きしてくる。気になっていたハムも、ほぼ聞こえなくなる。よしっ、これであと数カ月は、この改造プレーヤーでしのげるぞ。
　Ge3の特注ラック「櫓台」（平安神宮みたいな朱色、150万円）は翌2009年2月14日、無事配送された。代金は即振り込んだから、いよいよ次はアナログ・プレーヤーの買い換えだ！

14年前自分が絶賛したアナログ・プレーヤーは

　さて、プレーヤーは何を買おうか。まず書架から取り出したのは、2000年8月に出た「A&Vヴィレッジ」第45号だ。ここで筆者は、
○LINN　　SONDEK LP12
○ノッティンガム　　THE INTERSPACE
○トーレンス　　TD－325/TP90
○ミュージックホール　　MMF2.1
○パイオニア　　PL－PM200
○デンオン（当時）　　DP－900Mk2
○テクニクス　　SL－1200Mk4
○Vestax BDT－2000（以上、カートリッジはDL－103）
○アイワ　　PX－E860（カートリッジ交換不可なので、付属カートリッジのまま）
の比較試聴記事を担当している。ちなみに、2009年2月時点の現用機BDT－2600は、上記2000の弟分にあたる。「ジャズピアノにこくが出る。粘りや汚れの表現に向いている。細部の描写も見事。けして雰囲気だけアバウトに醸し出しているのではない。中域のエネルギー全開！」。ふむふむ、だから2600を買ったのね。いまごろわかった（無意識に、好印象がインプットされていたものと思われる、たぶん）。

　記事をじっくり読み返し、当時のことを思い出してみると、「主観的にはLINN。客観的にはノッティンガムに惹かれる」といったところか。

　LINNに関するコメントを拾ってみると「「クッキン」は、冒頭レッド・ガーランドのピアノソロがとろとろ。中トロのさらに上をいくうまみだ。崩れそうでいて崩れない、絶妙のバランス。とにかく音楽がスーッと心に入ってくるのだ。この力は、他のどの機種よりも強い。ジョン・コルトレーン『至上の愛』（Impulse! Records、1965年）B面冒頭エルヴィン・ジョーンズのドラムソロは、やや退屈。しかし、その直後に出てくるコルトレーンのソロは、やけに押しが強い。仲宗根美樹「パラダイスうるま島」は、手拍子のノリが絶品、ヴォーカルは甘口だが、輪郭がボケたりはしない。スウィトナーが振るベートーヴェンは、適度なゆるみと甘いつやに強く惹かれる」。

　一方、ノッティンガムに関するコメントはというと、「ピアノがキリッと立ち上がる。この説得力・吸引力の強さにひたろう。長いドラムソロも、微妙なためがよく聞こえるので退屈しない。サックスのソロは、押しの強さにしびれる。手拍子は、他機種よりもノリがいい。オーケストラからは、無用な甘さが消える」など。

そういえば、わが師のひとりでいらっしゃるオーディオFSK藤枝覧耀氏も、「いまどきのプレーヤーは、どいつもこいつも駄目。まぁノッティンガムがかろうじて使い物になるが」と褒めていたっけ（すごい褒め方だが、これは藤枝氏としては最大級の賛辞!）。

ううん。となると、プレーヤーはノッティンガムで決まり？　辛口で有名な逸品館・清原裕介氏も同社ウェブサイトで推奨していることだし。

ノッティンガム　THE INTERSPACE
(出典：http://www.heinz-company.jp/nottinghaminterspacehd.html)

●●●　　　　　　　　　　　　　　　　**13年前、自分が絶賛したカートリッジは**

2001年12月に発売された「A&Vヴィレッジ」第53号も開く。ここではカートリッジの比較試聴を担当。

○REGA BIAS
○ビッカリング　EP－HiFi
○デノン　DL－103R
○オーディオテクニカ　AT－150MLX
○ゴールドリング　エロイカGX
○オーディオテクニカ　AT－33PTG
○ベンツマイクロ　ACE－L
◎プレゼンスオーディオ　ロンドン・マルーン／デッカポッド
○ダイナベクター　XX－2
○シェルター　MODEL501タイプⅡ
○オルトフォン　コントラプンクト－b
◎プレゼンスオーディオ　ロンドン・スーパー・ゴールドMark7／デッカポッド
○オーディオクラフト　AC－03
○バーコEMT　HSD－6

　この記事を読み、当時のことを思い出してみると、プレゼンスオーディオの2機種がダントツ！

　ロンドン・マルーンについてのコメント：「今回の試聴で、最初に「ほしい！」と叫んだ機種。ロッシーニ弦楽ソナタは、一人ひとりの奏者にビシッとピントが合うのに、うるさくない。途中で入るチェロのソロが、こんなにも魅力的だったとはねぇ（他機種ではわからなかったということ）。ゲーリー・カ

ーのアルバムでは、パイプオルガンの低音にまで音の芯が現れる。音階もきっちり聞こえてくるから、快感。エリー・アメリングが歌うシューベルト「シルヴィアに」も、ピアノ伴奏がやけに積極的に。コルトレーンのソロは、聴き手への迫り方が他機種とは別物」。

　ロンドン・スーパー・ゴールドMark7についてのコメント：「これには全くお手上げ！　ここまでどうしたって聞こえなかった「複雑に折り重なった、様々な色の音」がぜ〜んぶ見えるようになった。ロッシーニ弦楽ソナタでは、チェロの渋みに隠れていた味わいがドピュッと出てきた。何気なく弾いているように聞こえていたゲーリー・カーのコントラバスにも、意外な小技や色彩の変化が隠されていたことに気づく。それでいて、いわゆる「暴き立て型」の情報量強調サウンドではないのだ。ずばり今回聴いたなかのベストワン！」。

●●● プレゼンスオーディオのカートリッジは飲酒音楽鑑賞不可！

　と、ここまできて、ウチのやついわく「よかったわねぇ、あなた。自分がいい音だと思うプレーヤーとカートリッジがハッキリしてて。これでもう決まりね」

　しかし、このカートリッジについてネット検索を重ねていくと、
○非常に繊細なカートリッジである。
○アナログ上級者向けで、ラフな人には向かない。
○インサイドフォースの調整を怠ると、針が曲がる。
○お酒を飲みながらの使用は避けよう。
といった記述が見られ、若干躊躇。自分はライターではあるが、アナログ上級者ではないだろう。いや、アナログに関しては、間違いなくビギナーだ。もちろん機器は丁寧に扱うつもりでいるが、たまには酩酊音楽鑑賞もしたい。

　さらにここで、「A&Vヴィレッジ」第45号アナログ・プレーヤー比較試聴のとき、江川三郎氏から教わったことを思い出す。「インサイドフォースキャンセラーの有無を聴き比べたことがあるかね。何？　聴き比べたことがない？　じゃいまからやってみよう」。そのときの衝撃といったらもう、何とも筆舌に尽くしがたい。インサイドフォースキャンセラーをかけると、音が死ぬ。生気、色彩感、ノリともに大幅減退。何度やっても、どのプレーヤーでやっても、結果は同じ！

「でも、どの本見ても、インサイドフォースをキャンセルしろって書いてありますよ」

「あれはウソ（笑）。オーディオの常識がウソだらけだということぐらい、

もうわかってるだろ。ついでにいうと、「オーバーハングを調整せよ」もウソ。アームは短ければ短いほど、音がいい」
　というような経験を経て、インサイドフォースの微調整を強調するカートリッジに対しては、ついつい腰が引けてしまう。
「ううん。困った。神経質でなくて、インサイドフォースキャンセラー無視で、音はプレゼンスオーディオ並みっていうカートリッジはないのか!?」
　筆者がカートリッジ集中試聴を体験してから7年も経過しているから、選択肢には困らない（その分、迷いも多いのだけど）。ここで筆者の脳裏に、ある製品の姿が浮かんだ!
「そうだ。あれにしよう」
　それは、2005年秋のインターナショナルオーディオショウで聴いた製品。まるで1960年代ジャズ喫茶のようにしつらえた部屋で、そのカートリッジは、香気とこくに満ちた、空前絶後にして深遠無比な音を聴かせてくれた。
「待てよ。あれ、いまでも売っているのか?」。念のため検索してみると、いまでも売られているらしい。よっしゃあ！　買うたるでぇ。
　しかし、筆者はある理由でこのカートリッジの購入を断念……。誠に申し訳ないが、その理由はどうにも書きづらい。というか、絶対書けない。

●●●　　　　　　　**各誌絶賛のハイエンドMCカートリッジがあるじゃないか**
　そこで、筆者は次善の策として、オーディオ各誌が絶賛している今風ハイエンドMCカートリッジに注目。「あれか、あれか、あれだな」。価格は30万円から60万円もするが、アンプやスピーカーのことを考えれば、分不相応ではあるまい。
　しかし、ここまで考えたところで筆者の脳裏に、懐かしいメロディーが流れた。「この道は　いつか来たみ〜ち〜♪」。そうだ！　1990年代初頭から半ばにかけて、筆者は暗記するまでオーディオ専門誌を反復熟読し、全誌が絶賛している製品だけを購入しては惨めな敗北を繰り返してきたのだ。そのあたりのことを『これだ!オーディオ術』に書きまくったというのに、その当人がまた同じ道をたどろうとしているのではないか!?
　じゃいっそのこと、気になる製品を全部自宅試聴してみる？　どこかの編集部に企画を持ち込み、「村井裕弥がいま、自分のために選ぶカートリッジはどれだ！」みたいな記事を書くということで。
　しかしなぁ、それもなんかライターの特権濫用、エゴ丸出しみたいな感じで、イマイチ乗り気になれない。それに、40万円のカートリッジを買うとして、針交換が30万円（!）という相場も、イマイチ腑に落ちん。本体100万

円でもいいから、針交換未来永劫不要と謳うカートリッジはないものか!?

●●● これって、理想のMCカートリッジかも

　そんなことをグダグダ考えているとき、ふと目についたのがルミエール（東京都大田区大森北）。最初に見た製品はカートリッジではなく、プリアンプDUCATO−Ⅱだったと記憶する。それはある友人宅の、ラック最上段でさり気ない光を放っていた。筆者があまりにも熱心に見つめていたからだろう。友人はこう教えてくれた。

「ヒューズがよく切れるので、修理に出したのですが、修理代ただ。しかも、最新型と同じになるよう、真空管とカップリングコンデンサーまで交換してくれて。こういうメーカーって、いまどきありえませんよね」。

　そんなルミエールについての情報は、実に少ない。あれこれ探した末、「audio amigo」第10号（糸瓜書房、2006年）に「気になるオーディオ・メーカー訪問　オーディオの嘘と真の谷間から」という記事を発見。これは編集者がルミエールを訪ね、店主・菊池千秋氏にインタビューした内容をほぼそのまま活字化したもの。その内容を要約すると、

○1970年代、ガラード301の中古を輸入することで、商売を始めた。
○ドイツから、ノイマンやオイロダインの中古を輸入したが、オーディオ誌は振り向いてもくれなかった。
○ノイマンのカッティングマシンを買うと、検聴用カートリッジDSTが付属品として同梱されていた。このDSTとは異なる方式で、もっと安く、ふつうの針圧でかけられるカートリッジLUMIERE−ONEを作り上げた。
○ルミエールのカートリッジは、けしてDSTのコピーではない。
○針先のすぐそこにコイルがあるカートリッジがいちばん正確に溝の情報を拾う。

　とここまで読んで思い当たったのは、「ユニウェーブの祖」高橋和正氏の教え（「Digital Village」不定期連載）だ。高橋氏いわく、MCカートリッジは「①コイルの巻枠が磁性体か非磁性体か。②針先とコイルの位置が近いか遠いか」の2つが重要で、それ以外の要素は無視できるとまで断言。しかし、この①と②両方にこだわった「巻芯が非磁性体で、針先とコイルの位置が近いカートリッジ」は現在、ほとんど市販されていないのだともいう。「audio amigo」には書かれていないが、LUMIERE−ONEは空芯でもある。ということは、①と②、2つの理想を実現した理想のカートリッジだということになる。

●●● **ウチのやつが、とうとうキレた!!**

　ううん、これはいかにも期待できそうだ。ぜひ聴いてみたい。しかし、友人はDUCATO−Ⅱを持っているが、LUMIERE−ONEは持っていない。LUMIERE−ONEは、ユニバーサルタイプでなおかつ重量級ウエイトがお尻に付くトーンアームでないと使えないからだろう。

　ルミエールのウェブサイトを見ると「アームは特に選びませんが、例えばFR−64Sあたりがベストです」とある。前半だけ読むと何でもいいようだが、いきなりFR−64Sを挙げられるとがっくりくる。オールステンレス製、ダイナミックバランス型、900グラムを超える重量。どこから見ても、いまのフツーではない。もちろん新品は売ってないから、最も近い新品を買おうとすれば、同じ人が作ったIKEDA IT−345CR1？ アームだけで32万円超えちゃうぞ！

　ウェブサイトには「インサイドフォースキャンセラーは絶対に御使用にならないで下さい。針先／カンチレバーが片方に寄ってしまい、すべてのバランスがくずれます」「通常の使用では針先は磨耗しません。半永久的です。数年に一度のオーバーホールだけでOKです」というとどめのふた言も載っている。これを買わいでどうする（!?）と叫びたくなってきた。

　ついでに、ネット上のクチコミを検索してみようか。おおお、予想以上に好評だ！　Ge3羽田昇正氏までが絶賛している。「カートリッジとしては、異例のGe3値です。解説を読んでみても異色なのはすぐに判りますね。ゴムの問題点やインサイドフォースについての考えかたなど、Ge3に似ているところもあって興味深いメーカーさんです。何故か、カートリッジは国産が頑張っています。面白い現象です」

　とまぁ、毎日こんなことをして、でもなかなか実行に移せないでグダグダしていたら、ウチのやつがとうとうブチ切れて、「あなた。いいかげんにしなさいよ。毎日、オーディオ専門誌やネットばかり読んで、ボヤいてるだけ。それじゃ何も始まらないでしょ。あした一緒にルミエール行くわよ。18時に、

プリアンプDUCATO−Ⅱ
（出典：http://homepage1.nifty.com/lumierecamera/amp.html）

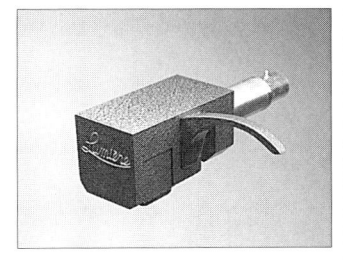

カートリッジLUMIERE−ONE
（出典：http://homepage1.nifty.com/lumierecamera/cartridge.html）

京浜急行・大森海岸駅改札口集合!」と怒鳴られてしまった。

●●● じゃ、1個作ってください

　大森海岸駅からルミエールまでは徒歩8分。西口にあるイトーヨーカドーの角を左折して広い通りに出たら、すぐ右手に看板が見える。ただし、この看板はカメラ屋（ライカなどの中古を扱っている）のもので、外からは、オーディオショップにもガレージメーカーにも見えない。
「ごめんください。あのう、オーディオのほうのルミエールにおじゃましにきたんですが、ここでよろしいでしょうか?」
　そう言うと、カメラ屋のチーフとおぼしき人が「菊池さん。お客様ですよ」と声をかける。奥から、「audio amigo」で見慣れた菊池千秋氏登場。
「突然ですみませんが、LUMIERE－ONEにいたく関心がありまして、ぜひ試聴したいと思ってうかがったのですが」
「あ、そうだったんですか。困りましたねぇ。いま全部売れちゃって、お聴かせできるものが何もないんですよ」
というワケで、お話だけいろいろうかがう。菊池氏いわく、
○アームは選びません。お客様がいまお使いの環境でそのままお使いください。重量級ウエイトがオプションで用意されているプレーヤーでしたら、さほど高級なプレーヤーでなくても他社製カートリッジとの違いはおわかりいただけます。
○シェル一体型のほか、シェルにねじ止めするタイプも作れますが、それでも20グラムになります。
○厳密にはシェル一体型のほうがベターですが、シェルの有無による差は微々たるものです。ちなみに値段は変わりません。
○どうしても重くなってしまうのは、空芯タイプで発電効率が悪い分を補わなければいけないから。あと、プラスチックも使いたくないし。
○鉄芯か空芯か、コイルと針先の距離など、オルトフォンSPUとは対極にある製品ですが、不思議と重さだけは似ています。LUMIERE－ONEは33グラムですから、トランス内蔵のSPUとほぼ同じ重さ。というワケで、そのあたりが使えるアームなら、LUMIERE－ONEも大丈夫です。
とここまで聞いて、「じゃ1個注文します」とキャッシュで16万円支払った筆者だったが、この賭けは吉と出るのか、それとも凶と出るのか!?　確かに、空芯タイプで、針先のすぐそこにコイルがあって、インサイドフォースキャンセラー厳禁で、針交換もしなくていいというのだが、一度も音を聴いてないのだよ。むむっ、「この道は　いつか来たみ～ち～♪」。1999年、アマテ

ィ・オマージュ（当時315万円）を買ったときもそうだった!!　あのとき大当たりだったから、今度も大当たりか!?　やはり、オーディオは直感に限る?

●●●　　　　　　　　　　逸品館1号館に、たまたまあったSolid Wood MPX

　大急ぎで帰宅し、大阪のショップ逸品館に電話。しかし、残念ながら逸品館の営業時間は終わっていた。

　えっ!?　なぜ逸品館に電話かって?　その数日前、逸品館のウェブサイトでアコースティック・ソリッドSolid Wood MPXの中古良品を発見。それもなんと、オルトフォンのトーンアームRS－212D付き（先ほどふれたオーディオユニオンお茶の水店のMPXは、AS－212S付き）。

　念のため解説すると、212SのSはスタティックバランス型の頭文字。トーンアームの先にカートリッジを取り付け、お尻に付けたウエイトを動かして水平バランスをとったあと、ウエイトを回転させて、その重心の移動で針先に適度な針圧をかける。現在、このタイプは圧倒的多数派。

　一方、212DのDはダイナミックバランス型の頭文字。水平バランスをとったあと、ばねの力でカートリッジを盤面へと押し付ける。重量級カートリッジ（自重40グラムまで）、重針圧カートリッジ（針圧5グラムまで）に向いていて、盤面の反りにも強いといわれ、特にオルトフォンSPUユーザーに人気がある。かの山本博道氏も、「SPU使うなら、絶対ダイナミック型だよ。押し付けてやらないと、低音出ないから」と言い切る。ということは、LUMIERE－ONEにも合うってことだよね。

　菊池氏が「アームを選びません」と繰り返すから、いっそのこと、BDT－2600に付けてしまおうかとも思ったのだが、Vestaxにメールしてみると、「2600に、オプションウエイトはなく、また特注もお受けできません」とのこと。じゃあ、もう212Dしかないじゃないか!?

　この212D付きのアコースティック・ソリッド、実はオーディオユニオン新宿店にも中古が1台あった。ただし、ターンテーブルがワンランク下のSolid Classic Woodだったため、「どうしようか」と迷っているうちに売れてしまった!　ええい、逸品館のは、

アコースティック・ソリッドSolid Classic Wood
（出典：http://www.ytvs-audio.com/pure_sound/player2.html）

ターンテーブルもトーンアームもベストなのだから、カートリッジをLUMIERE-ONEに決めた以上、何が何でもゲットせねばならぬ！

■■■ あの田中伊佐資氏とMPX仲間になった！

しかし、翌日改めて逸品館に電話してみると、お目当てのSolid Wood MPXは「商談中」！　いやーな予感がした。おおよそ1年あまり前、スイス製業務用CDプレーヤーをお茶の水のショップで逃がした経験があるからだ。しかし、1週間後、先客がキャンセル！

山本博道氏にそのことをメールしたら、「MPXなら、伊佐資も買ったんだぜ。トーンアームはSAEC407/23だけど。結局最初に太鼓判を押した鈴木さんだけが買ってないのか〜!?」と返信。

■■■ まずは水道ノイズ(?)を何とか止めなきゃ

アコースティック・ソリッドSolid Wood MPXは、2009年5月2日11時ごろ配送された。きっかけを作ってくれた鈴木裕氏からは「祝！　Solid Wood MPXご購入」というメールをいただいた。田中伊佐資氏からは「わが家のMPX」と題された写メも届いた。

念のため、この日までのアナログ再生環境をおさらいしよう。カートリッジはDENON DL-103 (2万6,000円)。昇圧トランスは同社AU-300LC (2万1,000円)。フォノイコライザーはBEHRINGER PP400 (4,095円!)。プレーヤーはVestax BDT-2600 (3万9,900円)。ただし、ターンテーブルやトーンアームにfo.Q (フォック) を貼りまくり、内蔵フォノイコライザーやその切り替えスイッチは廃棄。トーンアームからのケーブルと出力ケーブルを直結 (改造はあくまで自己責任でね)。

対するSolid Wood MPXは、アームレスで44万1,000円。たまたま付いていた (重量級カートリッジにベストマッチの) トーンアーム、オルトフォンRS-212Dは21万円。近日中に届く予定のMCカートリッジLUMIERE-ONEは16万円。

オルトフォンジャパンいわく「RS-212Dは、シェル込みで18グラムから40グラムのカートリッジに対応します。それよりも重いカートリッジはまずありえませんが、逆にシェル込み18グラムよりも軽いカートリッジは使えませんから、ご注意ください。そういうときは重〜いシェルを使うとか、重りになるものを貼るとか工夫してください」とのこと。試しにDL-103を台所のはかりに載せてみると、シェル込みでジャスト20グラム！　よっしゃあ!!　LUMIERE-ONEが届くまで、これでしのごう。ターンテーブルと

トーンアームが変わるだけで、どれくらい音が変わるかも試せるしね。

　しかし、Solid Wood MPXを箱から出す前に、やっておかなければならないことが1つだけある。それは水道ノイズ対策！「何それ」って言われそうな話だが、わが家の水道、それも浴室前洗面所の水栓をひねると、なぜか針飛びのようなボコッというノイズが発生するのだ。それも、ウーファーが前後10センチ近く動くくらいの音量で。これは、うっかり（アンプをそのままにして）プレーヤーの電源を切ったときのノイズと酷似しているので、電源がらみであることは容易に想像できる。なぜ水栓なのかはわからないが、電源にノイズが混入しなければたぶんOKだろうと当たりをつけ、AVスペースに置いてあったデンテック（サウンドデン）のノイズカットトランスIPT－1000Anをピュアオーディオスペースに移動。ここから、BDT－2600とPP400の電源を取ると、予想どおりにノイズが消えた！　これでもう「アナログ聴いてるときは、水道使うなよ」と怒鳴らずにすむ。

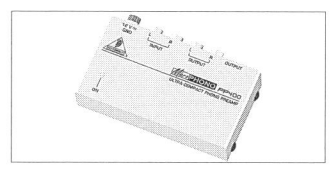

BEHRINGER PP400
（出典：http://www.soundhouse.co.jp/）

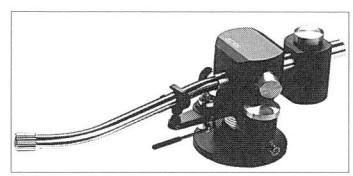

オルトフォンRS－212D
（出典：http://ortofon.com/hifi/products/historical-products/rs-212d）

　しかも、このノイズカットトランスのおかげで、BDT－2600の音が格段に品位向上。かといって大人しくなったりはせず、ノイズフロアが下がった分、ガツン（！）の立ち上がりが急峻に聞こえる。アーティストごとの味わいも、かえって濃く聞こえる。ああ、あまりにもいいから、ついつい何枚ものLPを聴いてしまう。カウント・ベイシー『エイプリル・イン・パリ』、ハンク・モブレー『ソウル・ステーション』、ソニー・ロリンズ『ニュークス・タイム』、キャノンボール・アダレイ『サムシンエルス』、デクスター・ゴードン『GO!』などなど。

「あなた。どうするのよ!?　玄関に置いてあるプレーヤー、ホントにこれよりもいい音出せるの?」

　ウチのやつが、また返答に困るようなことをいう。

「カートリッジよりも、4,095円のフォノイコを先に買い換えるべきだったんじゃないの?」

　くーっ!!　鋭すぎるからくやしい。確かに常識的にはそうすべきだろう。しかし、今回購入したアコースティック・ソリッド＋オルトフォン＋ルミエールというシステムは、あくまでルミエールが中心。だから、ルミエールをあと回しにはできんのだ!

フォノイコライザーに関しては、あとで何台か借りて、じっくり自宅試聴するつもりでいる。高橋和正氏からは「NF型のフォノイコは買うな!」と厳命されているが、本当にそうなのか、怖いもの見たさで聴いてみたい気もする。

●●● ついに、アコースティック・ソリッドを箱から出す!!

　玄関でまずは小さいほうの箱をあけると、なかから巨大なプラッター（ターンテーブル）が出現。

「これ、ものすごく分厚いだけじゃなくて、裏側がくりぬいてない！　ただのアルミの塊りじゃない!?」

「だからいいんだよ。とにかくスムースな回転を得るためには、小さなモーター、大きな質量。一度回り始めたら、しばらくそのまま回り続けるのが理想」

　大きいほうの箱からは、オルトフォンRS－212Dの箱も出てきた！　やっぱ高級プレーヤーはトーンアームをわざわざ取り外して送るものなのね。ふうん。何たって、アナログに関してはビギナーだから、感心することばかり。

　最後に取り出したバウムクーヘンみたいな本体（?）は箱じゃないから、筐体と呼ぶのも変？　ケースでもないし、プレーヤーベースとでも呼ぶべきか。これは意外と軽い。モーターは外付けだから、中央には軸受けだけ。ここに入っているベアリングが、アコースティック・ソリッド・サウンドのトップシークレットらしい。右手奥には、がっちりしたトーンアームベース。すでにRS－212Dに合った穴があけられているから、取り付けはこの穴に差し込んで、3本のねじをレンチで締めるだけ。

　おっと！　しまった。ねじ止めする前に、トーンアームケーブルを差し込んでおけばよかった。でも、これからトーンアームケーブルは何度も換えることになるだろうから（田中伊佐資氏は、すでにゾノトーンに交換したらしい）、プレーヤーベースの下から挿す練習だ。よいしょっと。うん、1回でうまく入った！

　次はスパイクを3本ねじ込んで、ラック（Ge3初代「櫓台」）の上にスパイク受けを置き、プレーヤーベースを設置。細かい高さ調整は、水準器を買ってからでいい。軸受けに挿してある灰色のゴムカバーを引っこ抜き、いよいよプラッターを挿入。「何でわたしがしなきゃいけないのよ」とか言いながら、ウチのやつが入れてくれる。こらこら。丁寧に、そーっとやれよ。

　次に、プラッターの上に本革スエード製マットを敷き、さらにアクリル製（6ミリ厚の）マットを重ねる。

あとは、糸ドライヴの糸をひっかけ、モーターの位置を動かして、テンションを調整。けさピュアオーディオスペースに持ってきたノイズカットトランスIPT－1000Anから電源を取り、ACアダプターからコントローラーへ、コントローラーからモーターへと専用ケーブルをつなげば、組み立て完了だ。

● ● ● **各種微調整に、意外と手間取る**

　LUMIERE－ONEがまだできてこないので、それまではDENON DL－103を流用。BDT－2600からシェルごとはずして、RS－212Dに差し込む。この時点で、針圧調整つまみがゼロ（反時計方向目いっぱい）であることを確認したのち、ウエイトを動かしてバランスをとる。なかなかうまくいかない。
「これでいいと思うか？」
「駄目よ。カートリッジのほうが、少し下がってるわ」
　こんな感じで5分間くらいかかっただろうか。ウエイトを根元近くで動かすので、少し動かしただけで重心が大きく移動。もっと重いカートリッジなら、楽だろうにな。取り扱い説明書に「こつ」のようなものが書いてあるといいのだが、上級者向きだからなのか、中古だからか、その手の記述は一切ない。これはSolid Wood MPXに関しても同じ。フツーはショップの人が全部やってくれるから？
　何とかバランスをとったあとは、針圧調整つまみを時計方向に回して、適当な針圧をかける。少し回しては、オマケに付いてきたデジタル針圧計DS－1で測るのだが、この針圧計のマニュアルらしきものがまた見当たらない。グラム以外の単位がいっぱい出てくるのも困り者だが、だいたい、どこにどっち向きに置けばいいのかもわからない。
「文字がこっち向きだから、きっとこう置くのよ」
「ホントか？　液晶の向きはこっちだぞ」
　試行錯誤の末、たぶんこうだろうという使い方にたどり着くが、今度は上に針を載せても、測定値が出ない！
「何だ？　壊れてんのか？」
「あなた。真横から見てごらんなさいよ。針が針圧計に当たってない。宙に浮いてるわよ。これじゃ重さ測れないわよ」
「そうか。トーンアームの高さ調整をしないといけないんだ」
　思い切って下げる。ようやく針圧計のデジタル表示が、針圧らしき値を示すようになる。
　さて、これで準備完了。いよいよ感動の音出しだ。

●●● 高級なプレーヤーほど、使いこなしが大変!!

　初めてかけるLPは、デクスター・ゴードンの『GO!』（ブルーノート）。おそらく、BDT-2600でいちばんよく聴いたアルバムだ。カートリッジ、ヘッドシェル、昇圧トランス、フォノイコライザーは午前中と同じ。変わったのは、ターンテーブルとトーンアーム（およびその内部と末端のケーブル）だけ。それでどれくらい違う音が出てくるのか!?
「……」
「あ、あなた。ものすごく怖い顔してるわよ」
　そりゃ怖い顔もするさ。午前中に使ってた格安プレーヤーより、ひどい音なんだもの！　どんなに優れた製品を買っても、それだけでよい音が出るわけはない。ふだん偉そうにそう書いているが、それが久方ぶりに自分へと降りかかってきたのだ。
「サックスが薄っぺらで汚い。音色もまるで違う。同じ楽器を、同じ人が吹いてるようには聞こえない。前のめりになって、ためのかけらもなく、せわしないテンポで吹いてるだけ……」
「回転数は合ってるのよねぇ」
「そこのインジケーターが黄緑になってるから、合ってるはず」
　これは大いなる勘違いだったのだが、それに気づくのはかなりのちのこと。ここでもう一度トーンアームを真横から見る。
「さっきしっかり下げたつもりだったけど、ねじの締め方がゆるかったみたいだよ。ばねの力でアームが上がって、カートリッジのほうがぐっと下がってる」
「それって、そんなに音に差が出るものなの?」
「LPの再生は、レーベルによって理想的な角度が違うと指摘してる人もいる。まぁ、とりあえず水平にしておこう。ついでにバランスをとり直して、針圧も測り直そ」
　こうして5分後、再び『GO!』。
「午前中（BDT-2600）と同じ程度の音が出てきたわ」
「それ、褒め言葉かよ!?　テナーサックスだけ聴いてないで、ドラムとベースを聴け。全然違うだろ」
　いちばん違うのは静けさ。S／N比がいい分、これまでマスキングされていた情報がドバッとはじけ飛ぶようになったのだ。もちろん、濁りも取れた。65万円プレーヤーの片鱗がようやく見えてきた?
「これだと、クラシックもいけるんじゃないか?」
　エソテリックが作ったモーツァルトのピアノ協奏曲集（クリフォード・カー

ゾン&ベンジャミン・ブリテン）をかける。
「この違いなら、わたしでもわかるわ。ピアノがふらついたり、濁ったりしてない。香りやこくも、いかにもモーツァルトらしくなったし。同じカートリッジでもこんなによくなるのに、LUMIERE－ONE付けたら、どこまでいっちゃうの!?」
「おまえ、喜びすぎ！ このカートリッジのままでも、まだまだいけるはず。とにかく、箱あけてつないで、いちばん基本的な調整をやっただけなんだからね。まだ65万円の音にはなってないよ」

●●● アクリルマットって、何のために付いてるんだ!?

　翌日は5時に目が覚める。Solid Wood MPXのことが気になって、寝ていられないのだ！ 早々に朝食をかっ込み、即LPを載せる。きょうはエソテリックが作ったアントニン・ドヴォルザーク『交響曲第9番「新世界より」』（イシュトヴァン・ケルテス指揮ウィーン・フィル）からかける。
　うわっ!! な、なんだこりゃ。冒頭から特大の回転ムラ？ こんなことあるわけがない。
「どうしたの？　あなた」
「もう1回かけてみる」
　結果は同じ。
「こ、これってプレーヤーのせいなの？」
「違うと思う」
「じゃあどうするの？」
　ここではずすのは、6ミリ厚のアクリル製マット。ただそれだけやって、もう一度同じLPをかける。
「えっ!?　何で？　今度は音が揺れない」
「このアクリル製マットで、LPが微妙に滑ってたんだよ。そうとしか考えられない」
「これって、飾りなの？」
「いや。よくわからない。ほかのLPをかけたときは何てことなかったし。ただ、エソテリックの「新世界」にはすごいffが刻まれているから、その分、針にとって摩擦が大きい。だから微妙に滑ってしまうのではないかと」
　そういえば、ツルツルのターンテーブル（ウェルテンパード）を使っている友人は、クランパーみたいなもので、LPをターンテーブルに締め付けてたっけ。あれくらいしないと駄目ってことなのか。あす以降、暇なときにオルトフォンジャパンに電話して、あれこれ訊いてみることにしよう。

●●● 吉田苑のウェブサイトで掘り出し物を発見!!

　そうこうしているうちに、2009年5月9日（土）の広島行きが迫ってきた。広島ASC（アコースティックサウンドクラブ）から「江川三郎氏を招いて、生録会＆講演会を実施したいから、ぜひとも一緒に来てくれないか」といわれていたのだ。そのため、江川氏のご自宅で打ち合わせ、JR東海に事前連絡、広島のスタッフとも「あれを用意して、これも用意して」の打ち合わせ続き。そうこうしているうちに、何気なく見ていたウェブサイトで、ソウルノートのフォノイコライザーアンプph1.0のデモ機処分品を発見！
「どうしよう？　これ」
「これはいいものなの？」
「うん。わが家で使っているCDプレーヤー（cd1.0）と同じ人が作ったものだから、まず間違いはない。「Analog」第19号でも絶賛されてる」
「試聴できないの？」
「できなくはないだろうけど、そうこうしてる間に売れちゃうかもしれないし。だいたい、いくらかもわからないし」
「メールで問い合わせてくださいって書いてあるんでしょ。だったら問い合わせてみましょうよ。ところで、あなたの目標価格はいくらなの？」
「税込み30万円を切ってたら、買うつもりだけど」
　さんざ迷って、問い合わせメールを送信したのは5月9日の朝。その日の午後、東京駅丸の内南口で江川氏と待ち合わせ、広島に行って、翌日東京に戻ってくると、メールの返信が。
「なんて書いてあるの？」
「お世話になります、吉田苑です。いつもありがとうございます。販売価格は下記になります。＊SOULNOTE　フォノEQ　ph1.0　29万8,000円（税込み）。元箱の汚れがありますが、本体程度は良好です。保証は通常どおりつきます。当社オリジナル・ジュラルミン7075製スパイク受けサービスしております、だってさ」
「だったら、買いね。こうなったら、行け行けドンドンしかないわよ。駄目だったら、そのときまた考えましょ」

●●● 江川工房スペシャル in 広島

　このまま話を進めてもいいのだが、広島でのことが気になる方もいらっしゃるだろう。ちょうどその2日間について書いた雑誌記事があるので、ここに挿入する。

『14YEARS AFTER』（2006年）というCDがある。はかなげなピアノをバックに、井上博義の超強烈かきむしりベースが爆発し続けるジャズ・スタンダード集。このCDを制作したのがASC（アコースティックサウンドクラブ）だ。彼らは、自分たちの装置をチューンするにあたり、「こってりお化粧された、制作者の個性に染め上げられたCD」など使いたくなかった。自分たちが収録現場で生音を記憶し、そのままの音を記録したCDがほしかった。だから、自分たちで作った。

現在入手可能な数少ない「確認音源」のひとつ『14YEARS AFTER』

　ASCは、こういったCDとCD-Rを「確認音源」と呼んでいる。そして、毎年5月に広島市のショップ、サウンドデンで生録会を開催し、新たな「確認音源」を制作。この会に、今年は講師として、あの江川三郎氏を招くのだという。

●●● 江川氏の夢が、ついに実現？

　しかし、なぜASCが江川氏を招くのか。2009年3月下旬、ViVラボラトリー代表・秋元浩一郎氏が、サウンドデンを訪問。秋元氏はその夜、井上博義の生を聴き、直後にエヴァヌイ・シグネチャーで『14YEARS AFTER』を再生して（そのあまりの違いに）愕然！　おかげで一睡もできなくなった彼は、翌朝出勤したサウンドデン社員やASCのメンバーに「徹夜調整したての音」を聴かせてリベンジを果たすのだけれど、これはASCにとって二重の喜びとなった。まずは「音決めには「確認音源」が何より有効」という自分たちの主張が改めて証明されたこと。さらには「敬愛する江川氏が何十年も前から提唱してきたフルレンジの理想」がついに現実のものとなったこと。

　それはちょうど、5月の生録会をどうするかで盛り上がっていた時期だったから、「じゃあ、生録会の日、先生に広島までおいでいただき、フルレンジと音楽再生について大いに語ってもらおうじゃないか」ということになった。

●●● 評論家モードにスイッチON!

　5月9日13時、筆者は東京駅で江川氏と合流し、駅で借りた車椅子を押してプラットフォームまで移動。江川三郎実験室でおなじみの若手2人やウチのやつとはここで合流し、のぞみ33号に乗車した。しかし、この時点では「気力・体力的に、講演なんかできるのだろうか」というご様子だった。

　広島までは4時間あまり。広島駅では、JR職員が車椅子を押してお出迎え。

駅前からは、ASC会長の車に乗り、まずはホテルにチェックイン。その後、サウンドデンへ。試聴室では、ASC会員となった秋元浩一郎氏がエヴァヌイ・シグネチャーⅡ（プレス発表前の新型）を鳴らしている真っ最中。先月まで置いてあった初号機は、ASC関東支部長がお買い求めになったのだという。

江川氏に変化が起きたのはこのとき。十数年前と変わらない頼もしげな表情、自信に満ちた口調が、突如よみがえったのだ!!

●●● 何かいやな音がするねぇ

江川氏は、まず秋元氏から解説を聞き、そのあと1時間近くエヴァヌイ・シグネチャーⅡの音をチェック。軽食をはさんで生録会が始まったのは20時30分だった。

この日出演を快諾してくれたのは上野眞樹。2002年から04年にかけての広島交響楽団コンサートマスターだ。といっても、ただのローカル・ヴィルトゥオーゾではない。東京藝術大学卒業後、ドイツに渡り、ハノーファー国立音楽大学ソリスト・コースでさらに研鑽を積む。その後は、あのフィルハーモニア・フンガリカ（アンタル・ドラティが振った『ハイドン交響曲全集』などで知られる）などでコンサートマスターをつとめた真の国際派。いったいどうすれば、こういう方が生録を快諾してくれるのか!?

収録は、『オンブラマイフ』『白鳥』『G線上のアリア』『ユモレスク』『タイスの瞑想曲』『亜麻色の髪の乙女』といった順で進んでいく。

途中『ユモレスク』のあたりで、江川氏が「何かいやな音がするねぇ」と言い出したので、みなが緊張！ あれこれ捜索した結果、窓際（ソファの影）の空気清浄機がONのままになっているのを発見し、事なきを得たのだが、ほとんどの参加者は、そのノイズに気づいていなかったのではないか。筆者だって、その空気清浄機の電源プラグを引っこ抜いて、ようやくその差に気づいたのだ！

●●● エヴァヌイ・シグネチャーⅡの音が

講演は、翌10日10時開始。まずは『14YEARS AFTER』から1曲かけたのだが、10秒もたたないうちに江川氏が「きのうとずいぶん違う音になったね」と指摘。ここでサウンドデン・藤本光男社長が立ち上がり、「実は、昨夜みなさんがお帰りになったあと、「これじゃエヴァヌイ・シグネチャーⅡが誤解されてしまう」と思いまして、いろいろ調整したんです。まぁ、真横から見ていただくとわかりやすいんですが、このスピーカー、重心がかなり前寄りなので、当社製インシュレーターの位置を変えることで、そこいら

へんのバランスを取りました」

　そ、それだけのことで、こんなにも違う音になるのか!?

　江川氏も「大変素直な音が出ているので、少し聴くだけで「ああ、これは井上博義さんの演奏だな、あの人のお店で録った音だな」ということがわかりました。きのうからきょうにかけて、さらに改善されましたね。いままでのステレオの価値付けというのは、機器ごと、ブランドごとの個性がまず重要だったんです。いや、いまでもオーディオ・ジャーナリズムでは、「そのブランドらしさがちゃんと聞こえる装置がいい」みたいによく書かれるのだけれど、私たちはブランドの個性より、演奏者の個性を聴きたい。それが聞こえる装置がほしい。秋元さん。あなたが作ったスピーカーは、そんな新時代の先駆けですね。

左がViVラボラトリー　エヴァヌイ・シグネチャーだ

　きのう、このスピーカーの音を聴く前に姿を見て、「ああ、このスピーカーは成功するなぁ」と思ったんだけど、そう簡単に世の中の人たちが認めてくれるとは思えない。このスピーカーが広く認められるには、応援団がいるね。そして、敵を作らないように（苦笑）することも大切だ。それがあなたの幸せ、みんなの幸せにつながる。

　あと、きのうとは、スピーカーターミナルも交換されていますよね。よりスムースでスマートな方向に変わっている。いいまとめだなぁとは思うけれど、端子からキャビネットにかけての段差がまだ気になる。こういう細部の気配りは、この製品がメジャーになっていくために重要なこと。まだまだ詰める余地があるのではないかな」

　ここで、「初代確認音源」とでも呼ぶべき『土と水』がかかる。萩焼の人間国宝・故坂高麗左衛門のアトリエで収録したサックスとベースのデュオ（2001年8月）。江川氏の人脈があって初めて実現した、いまではありえないコラボの記録だ。しかし、当の江川氏は「この演奏、僕のメモリーにはないねぇ」。

　すかさず藤本社長、「先生はあのとき、粘土をこねて萩焼インシュレーターを作っていたから覚えていないんですよ。確か、曲の最後だけ戻ってこられて、「イエ～イ」と叫んでいた。しかし、素人がこねた粘土を、人間国宝と同じ窯で焼いてもらえる（笑）なんて、ホントありえないイベントでしたね」

ラストに、昨夜録音したばかりのヴァイオリン・ソロを再生。江川氏いわく「きのう生で聴いたときは、もっとデリケートな変化があったけど、いまそういう変化は聞こえないね。では、この部屋の窓を全部開いてください」。
「えっ？　何で」とみんなが首をひねりながら、窓を全開にする。そして、もう一度同じ曲をかけると、
「さっきまで気になってたうるささが消えました！　この変化、スピーカーを屋外で鳴らしたり、芝生の上で鳴らしたりしたときの変化に似ています」
「うん。雪の上で鳴らすと、もっといいよ（笑）」

●●●　　　　　　　　　　　　　　　　**広島駅で、ラスト・サプライズ**

　このあと、参加者全員が「山ちゃん」のお好み焼きを平らげ、われら東京組5人はタクシーで広島駅へ。しかし少し遅れてASCの仲間たちもプラットフォームに続々と現れたのにはびっくり！　万歳三唱か歌でも始まりそうな雰囲気だったが、江川氏がうるんだ瞳でみなに手を振り、みなは深々とお辞儀。「江川三郎講演会 in 広島」はしめやかに幕を閉じた。
　のぞみのソファにもたれかかった江川氏はただひと言、「村井さん。僕は今回、みなさんのお役に立てたのだろうか。そこだけが気になるよ」
「大丈夫です。オーディオへの情熱は、みんなの心にちゃんと届いていますよ」
　それを聞いた江川氏は、ニッコリほほ笑んで、じき寝息をたてた。ご自宅までタクシーもご一緒させていただいたが、帰り着くなり「おおい。おまえたち、帰ったぞ～‼」とやけに上機嫌。それだけで、1泊2日の疲れは吹き飛んだ。（「Audio Accessory」第134号、音元出版、2009年）

●●●　　　　　　　　　　　　　　　　**この音はどこかで聴いたことがある**

　ソウルノートのフォノイコライザーアンプph1.0は、5月17日（日）10:20、わが家にやってきた。
「あ、あなた。段ボール箱が重いわよ」
「そりゃそうさ。ソウルノートだもの。CDプレーヤーを別筐体（電源部別）にするくらいのメーカーなんだから」
「すぐあけましょうか?」
「いや、ちょっと待って。いまの段階の音を、ちゃんと覚えておこうと思って」
　クリフォード・カーゾンたちによるモーツァルト（エソテリック）を繰り返し聴く。

「よしっ。これで十分。この音がどう変わるか」

　DENONの昇圧トランスAU−300LCとBEHRINGERのフォノイコライザーPP400をはずして、ソウルノートph1.0を接続。

「うわっ!!　何だ、この音は」

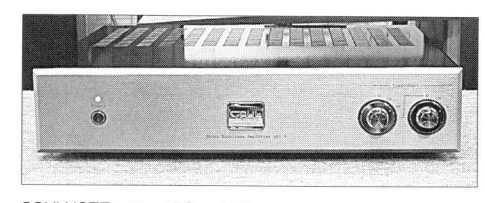

「さっきと全然違うじゃない。ていうか、これどこかで聴いたことのある音よ」

「うん。確かに、この鮮烈さは確かにどこかで。ただし、アナログじゃないぞ。——わかった!!　これだよ、これ」

「CDプレーヤー？」

「そう。ソウルノートのCDプレーヤー（cd1.0）。同じ人が作った製品だから、同じように聞こえるんじゃないか？」

「作った人の個性って、そんなにも強いものなの？　一方はデジタル、もう一方はアナログよ」

SOULNOTE　フォノEQ　ph1.0
（出典：http://www.yoshidaen.com/soulnote-fundamental.html）

●●●　　　　　　　　　　その半年後、「Analog」誌に載ったインタビュー

——ずばり、Solid Wood MPXをお選びになった理由は？

村井　2008年8月31日、音楽之友社試聴室で田中伊佐資さん、鈴木裕さんとご一緒する機会があったんですが、そのとき鈴木さんがやけに興奮されていましてね。で、「いったい何があったんですか」と尋ねたところ、「先日、寺島靖国さんとアナログ・プレーヤーの集中試聴をしたのだが、とあるプレーヤーの音が忘れられない」みたいなことをおっしゃる。

——それがSolid Wood MPXだった？

村井　そうなんです。たまたまボクも田中さんも「本格的にアナログの世界に漕ぎ出そう」と思っていた矢先だったので、渡りに舟というか、「もう、これしかない!」と確信。あと挙げるとすれば、元来ベアリングのメーカーなので、長期間にわたって安定した動作をしてくれそう。13キロのターンテーブルは、重さが上級機と同じなので割安感がある。上級機Solid MachineやSolid Royalはオール金属ですが、MPXは木と金属でできている分、固有の響きが少なく、より自分の好みに合いそう、といったところです。

——トーンアームに関して迷いはなかったのですか？

村井　順番としては、まずカートリッジを決め、それに合うアームを選びたい。本誌第4号で紹介されているルミエールというメーカーの、その名も

LUMIERE－ONEというMCカートリッジがあるんですが、いろいろ調べていくうちに、「何が何でもこれを使おう」と思うようになりました。しかし、このカートリッジ、重さが33グラムもある。開発者の菊池千秋さんは「アームは特に選びませんが、例えばFR－64Sあたりがベスト」というけれど、FR－64Sは29年も前の製品ですから、状態がいい中古を探すのも難しいだろう。そこで、重さと見た目がSPUに近いことから、SPU用ともいっていいRS－212Dを選んだわけです。正直な話、アコースティック・ソリッドとオルトフォンにしておけば、将来メンテナンスに出すことがあってもオルトフォンジャパン一社ですむ（笑）というずるい考えもありました。こういう「アナログ文化はわが社が支えていく」みたいな会社は本当にありがたいです。こうやって万全の体制が整ったのち、LUMIERE－ONEはわが家にやってきました。試聴もせずにオーダーしたのですが、ボクが望んでいたとおりの音を出してくれた。何十年もオーディオをやってきましたが、最大の当たりといっても過言ではない。

——フォノイコライザーはSOULNOTEのph1.0をお選びになった。

村井 鈴木哲氏が作る製品は、CDプレーヤーからスピーカーまですべてストライクゾーンど真ん中なのですが、このph1.0に関しては、本誌第19号「コブクロ黒田俊介さんのフォノイコライザー選び」の影響（笑）が大きかった。それと、LUMIERE－ONEは内部インピーダンスを公表していないので、ローインピーダンス用とあるだけのフォノイコはいまひとつ不安がありましてね。入力インピーダンスの微調整ができる製品にしたかった。

——セッティングの実際を教えてください。

村井 Ge3のラック「櫓台」に載せ、デンテックのノイズカットトランスから電源を取っています。たかがターンテーブルを回すだけですが、これがけっこう効く。僕はPCオーディオもやるのですが、そちらの電源は中村製作所のトランスUniplay1000から取って、ノイズの回り込みをシャットアウトしています。あとSolid Wood MPXは、誌上ではスエードマットだけ敷いている写真がほとんどですが、僕はスエードの上にアクリルを重ねた音が好き。自分だけ変なことをやっているのかもと不安になってオルトフォンジャパンに電話したら、「本国ドイツではそちらのほうが多数派（笑）です」といわれ、ホッとしました。（「Analog」第26号、2009年冬）

　これ以降、わが家のアナログ再生環境はさらに進化、変遷を続けていったのだが、それについてはまたの機会に。

● 第4章

ファイル再生との格闘 (2008年秋—14年初頭)

　パソコンとUSB　DACを使って音楽再生することをPCオーディオと呼び、NAS（LAN接続されたHDDやSSD）とネットワーク・プレーヤーを使って音楽再生することをネットワーク・オーディオと呼ぶ。どちらもデジタル・ファイルを再生するので、ひとくくりにしてファイル再生と呼ばれることも。

　いつもではないが、第3章で紹介したアナログ再生とは真逆の世界（対立する世界）だと思われることが多い。だから、以下のような評論家向けアンケートも実施される。

●●● **あなたはPCオーディオ派か、アナログ派か。はたまた両刀遣いか**

　筆者自身はこの2つを真逆のものと考えていないから、心底返答に困った。もちろん「両刀遣いです」と答えればいいのだが、それでは「どっちつかずのいいかげんなやつ」にしか見えないのではないか。きっちり説明するには、字数も足りないから、やむなくこのように書いた。

　発売当初から、CDの音が苦手だった。音像の輪郭はやけにくっきりハッキリしているが、肝心の質感は希薄。映画でいえば、つかみとアクションだけ派手で、こまやかな心情やあたたかみが伝わってこないような印象。だから、1992年ごろまでは、輸入ミュージックカセット中心の生活を送っていた。99年にはSACDが登場したが、質感描写は満足できるものの、今度はキレやすごみにいくぶん不満が残った。

　そんな筆者がたどり着いた2つのよりどころ。それがアナログとPCオーディオだ。格安盤であっても、入門クラスのプレーヤーであっても、アナログには不思議な力がある。一方PCオーディオも、データを丁寧にリッピングしたり、ケーブルや電源にこだわったり、適材適所にノイズフィルターを挿入することで、アナログに極めて近い幸せな世界に到達することができる。

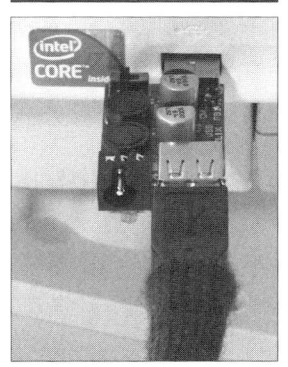

インシュレーター RASENとターンテーブルシートADS-3005sp（いずれもセイシンエンジニアリング）。下はFIDELIX HiFi USB FILTERの試作器（出典：「Gaudio」2013年第2号、共同通信社、17ページ）

とことんこだわり抜いたデジタルアンプは、管球式アンプに似てくる。それとどこか通じる話なのだ。(「Gaudio」2013年第2号、共同通信社)

◼︎◼︎◼︎◼︎　　　　　　　　　　　ノートパソコンを使って、初めて音楽を聴いた日

　そんなPCオーディオは、いったい何がきっかけでわが家にやってきたのだろう。パソコンが得意だから始めた？　いいや、全然違うほうから突如やってきた！

　2008年9月リッカルド・ムーティ率いるウィーン・フィルをサントリーホールで聴き、10月は同指揮者が振るウィーン国立歌劇場引越し公演『コジ・ファン・トゥッテ』を東京文化会館で聴いた。そして、「やはり生は違うなぁ」と何度もため息をついた。

　もちろんいまどき、ド迫力が出ないと悩むマニアはほとんどいないだろう。オーディオ機器やソフトの進化によって、スッキリきれいな音やガンガン迫ってくる音を再生するのは、至極容易になったから。しかし、月に何度か極上の生に接してみると、そのようなド迫力は一切存在せず、コンサートの最初10分間は、ひたすら耳の感度を「生演奏用」にアジャストする時間となる。そして10数分後、ようやく「生ならではのニュアンス」が聞こえてくるのだ。直接音の周辺に、あたかもウブ毛のごとく繁茂する柔軟かつウエットで高密度なニュアンス。あと、①小音量時でも音の芯がボケない、②情報量が落ちない、③いろ・つや・しなやかさが後退しないあたりも生ならではの喜び。

　ああ。オーディオの美は、所詮、過度に輪郭強調された劇画タッチの似非リアリズムにすぎないのか。ああいう極上の生を立て続けに聴いてしまったあとは、アンプの電源を入れることさえ億劫になってしまう。

◼︎◼︎◼︎◼︎　　　　　　　　　　パソコンをCDトランスポートとして使うためのアダプター？

　そんなことを考え、頭を抱えているとき、わが家に届いたのがインフラノイズUSB−101だった。何々、パソコンのUSB端子から出力されるデジタル音楽信号を浄化する装置だって？

　比較のため、まずはノートパソコン背面USB端子からのデジタル出力を、AVアンプに直結。はははは。いまどき、2万円以下のプレーヤーだって、こんなひどい音は出ないぞ。ヴァイオリンの弦がさびつき、砂をまぶして弾いているような音だ。不愉快な付帯音が終始まとわり付き、何をかけても濁って、超安い音に聞こえる。一分以上聴いていろといわれたら拷問でしかない。こんなところに、アダプターを入れたところでどうなるというのか⁉

　USB−101は、入力がUSBだけ2系統、出力はAES／EBU、S／PDIF、

BNC各1。パソコンからUSB-101までを300円くらいのUSBケーブルで結び、USB-101からAVアンプまでを800円くらいのデジタルケーブルで結ぶ。

　この状態で、さっきと同じようにCDをリッピングせず、リアルタイム再生してみる。——最初の一秒で言葉をなくす。何だ!?　こりゃ。USB-101を入れただけで、こんなにも違うのか。いやもちろん、最上級の音になるワケはないが、拷問レベルからは軽く脱出。「むつかしいこと言わずに聴くなら、これでもいいんじゃない」あたりまでは来た!

　いやいや、待てよ。これはAVスペースで聴いているからであって、ピュアオーディオスペースのリファレンス・システムにつないだら、簡単に化けの皮がはがれるのではないか。早速、ノートパソコンとUSB-101を、ピュアオーディオスペースに移す。USB-101とD／Aコンバーターの間は、これまた1,000円のBNCケーブル(!)で接続。

　この状態でリアルタイム再生するCDは、乱暴な言い方をすると、5万円から8万円クラスの音だ。まあ2万円以下が8万円クラスまで向上したのだから、効果があることは間違いない。しかし、USB-101はおおよそ10万円もするのだから、この程度の改善では購入意義が認められない。

　筆者より早くUSB-101を試用した音仲間たちにいわせると、「リッピン

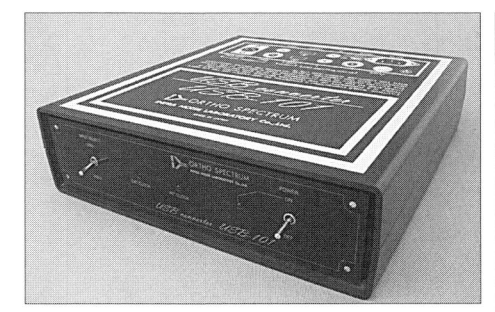

筆者を、PCオーディオの世界に導いてくれたDDコンバーター、USB-101
(出典：http://www.hinoetp.com/inf-usb101.htm)

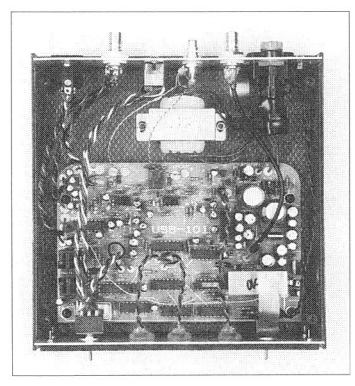

USB-101の内部は大量のLSIが使われているため、比較的シンプルな構成になっている
(出典：「Stereo」2009年1月号、音楽之友社、128ページ)

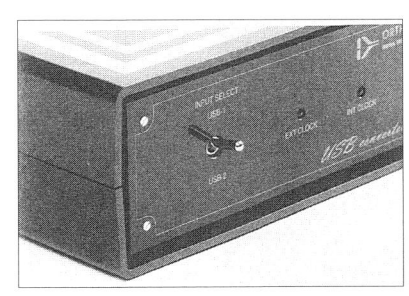

入力のUSB端子は2系統あって、フロントパネルのスイッチで切り替える
(出典：同誌128ページ)

第4章●ファイル再生との格闘

グしたり、固体メモリーにコピーしたりした音が最高」。「いくら何でも最高はないだろ」と疑いモード全開で、CDをリッピングして聴くが、こりゃなかなかイケるじゃないか。すばらしくはないけれど、「安さ」や「とげとげしさ」が後退。CDのリアルタイム再生とHDDからの再生って、こんなにも違うの!?　と、そこへウチのやつが首を突っ込み、「あなた。CDを取り込むとき、まさか圧縮してないでしょうね」ときた。えっ!?　何それ？

　ウィンドウズメディアプレーヤーなどのソフトを使って、CDを取り込もうとすると、デフォルト状態では、信じられないほどデータが圧縮されてしまう。そこで、音にうるさいユーザーは、ソフトの設定を変更し、WAVファイル（無損失）で取り込むのが常識。当時はそんなことも知らなかったのだ!!

　しかし、「信じられないほど圧縮された（データを間引かれた）はずの音」がCDのリアルタイム再生より好印象だったのはなぜ？　筆者は「USB-101を介することで、HDDから再生するメリットがデータ圧縮のデメリットを上回るようになる」と考えているのだが、今回はこの仮説を検証するだけの紙幅がない!

　聴きなれたCDをWAVファイル形式でリッピングし直し、再試聴。少々もやがかかっていたような音が、すっきり澄み渡った印象。しかし、「デジタルデータが20倍に増えた!!」というほどの驚きはない。筆者は今後もWAVファイルだけ使い続ける気でいるが、USB-101の使用を前提とするなら、多少の圧縮はリスナーによってはメリットのほうが大きいのかもしれない。

●●●　専用半導体メモリーさえあればCDトランスポートはいらない？

　そして1カ月が経過。USB-101をリファレンス・システムに導入して最もありがたかったのは、サントリーホールや東京文化会館で聴いた生の片鱗を再生することができるようになったことだ。もちろん生音そのままではないが、「あたかもウブ毛のごとく繁茂する柔軟かつウエットで高密度なニュアンス」が何割増しにもなり、小音量時でも音の芯がボケなくなり、暴き立て型ではない自然な情報量を確保できるようになり、色・艶・しなやかさも十分。この音に比べると、100万円以上のCDトランスポートたちもその多くが「いかにもいい音」というわざとらしいハイファイ・サウンドに聞こえてしまう（「USB-101のおかげで、長年愛用してきた200万円、300万円クラスのトランスポートをもう使う気になれない」という書き込みも、ネット上で発見）。

　しかし、USB-101には実はまだこの先の話があって、近日中に専用半導体メモリーが発売されるとのこと（デジタルデータを、このメモリーに転送して再

生すると、さらに音質が向上!)。筆者はその試作機を聴いているが、「これが本当にCDの音か」と何度もつぶやいてしまった。「オーディオ機器は、ただの工業製品ではない。クレモナの名工たちが作ったヴァイオリンのようでなければ」とは、インフラノイズ技術陣の口ぐせだが、その言葉にふさわしい専用半導体メモリーの発売が、いまから待ち遠しくてたまらない。(「Stereo」2009年1月号)

　第3章とほぼ同じ時期に書いたからだろう。ムーティ来日公演の話がここにも出てくる。「こんな音を、スピーカーから出したい」という思いがどれだけ強かったかの証だが、この「簡単には手の届きそうにない頂き」を目指すにあたって、筆者が考えた2つの登攀ルート。それがアナログディスクの再生とファイル再生なのだ。

●●● インフラノイズの音楽再生専用メモリー USB-5

「待ち遠しくてたまらない」と書いたら、おおよそ4カ月後、音楽再生専用半導体メモリーが発売された。

　LINNのKLIMAX DSが売れている。ワディアの170iトランスポートは、もっと売れている。いずれも、CDをぶっつけ本番読みせず、リッピングしてからより正確に、ストレスフリーに読み取るための機器である。いつの間にかD／AコンバーターはUSB入力搭載が当たり前となり、ついにはエアーQB-9のようにUSB入力オンリーの製品までが登場!

　前項の記事で筆者がレポートしたインフラノイズUSB-101というコンバーターも、以上の製品たちと同じような考え方で作られている。きっちりリッピングしたデジタルデー

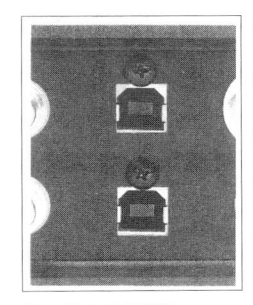

リアパネルのUSB端子
(出典:同誌129ページ)

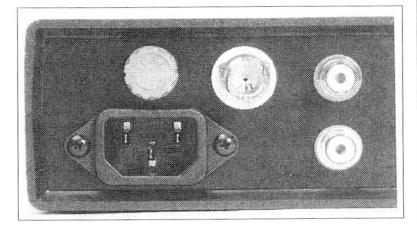

電源はインレット式
(出典:同誌129ページ)

デジタル出力はRCA・BNC・EBUの3系統
(出典:同誌129ページ)

電源部
(出典:同誌129ページ)

第4章 ● ファイル再生との格闘

タをパソコンで読み、USB-101で浄化したあと、D／Aコンバーターへと導く。そのあまりの効果（音質改善度）に驚いたマニアたちが殺到したため、初冬から品薄状態が続いていると聞く。

●●● USB-101をより効果的に使うための半導体メモリー

そんなインフラノイズが、今春は音楽専用半導体メモリーUSB-5を売り出した。しかし、4Gバイトでおおよそ2万円という値付けは、オーディオと無縁な人にはぼったくりにしか見えないだろう。なぜって、いまUSBメモリーは4Gバイトで1,000円から2,000円が相場だから。（とここまで文章を書いたあと、筆者は駅前までひとっ走りして、4GバイトのUSBメモリーを購入。1,100円だった）

さて、筆者が使っているパソコンはNEC　LL750/E（PC-LL750ED）。2005年暮れに発売されたごくごくありきたりのノート型。CDの読み込みにはI・OデータのDVR-UN20GLを使っている。外付けHDDも同社製HDW-UE500。買ってきたばかりの1,100円USBメモリーはバッファローRUF2-KGL-BK。これとUSB-5をパソコンの背面に挿し、外付けHDDと三つ巴で、同じCDから読み込んだデータを聴き比べる。もちろんパソコンから先には、インフラノイズUSB-101と同社製D／AコンバーターDAC-1を使用。それ以降はわが家のリファレンス・システム。

●●● HDD、1,100円メモリーとUSB-5を徹底比較試聴

弦楽四重奏から聴き始めたが、1,100円メモリーの健闘にびっくり！1,100円メモリーとUSB-5の音が意外なほど似ていて、HDDの音だけが別物。無用に華やいで聞こえるのだ（メモリーの音を聴くまでは、全く気にならなかったのに）。では、1,100円メモリーとUSB-5はどう異なるか。1,100円メモリーは、何となくのんべんだらりと演奏が始まってしまい、そのあともある種の枠のなかだけで弾いている感じ。一方USB-5は、スッと入ってササッと盛り上げていくわずかなクレシェンドが聴き取りやすい。また、旋律ごとに音色を微妙に変えているのもハッキリわかる。

次は、ジャズ・ベースの強烈なピチカート。わずかではあるが、USB-5のほうが1,100円メモリーよりスケール感が大きい。1,100円メモリーは、弦を弾いた瞬間の音とそのあとの音が混じって聞こえるのも気になる。HDDの音は、これら2つに比べると良くも悪くもハイファイ調。弦が見えるような、しっかりフォーカスの来た音だが、生では聴けないタイプの音だし、何より「巷でよく聴かされるCDの音」に近い。もちろんこれだって、CDぶっつけ本番読みよりははるかに自然だが。

次は、トランペットを主役にしたジャズのクインテット。HDDは、シンバルがいかにも安っぽい。USB-5はその安っぽさが後退し、トランペットとサックスがしっかり主役を張る。1,100円メモリーも音調は近いが、微妙な「ため」がわかりにくくなる分、無気力な演奏に聞こえてしまう。

　次は、バロック・アンサンブルをバックにしたソプラノ。HDDは、弦楽器の響きがいかにも古楽器風。これはこれでいかにもそれらしい。声だけを聴いていると、1,100円メモリーとUSB-5の差は驚くほど小さいが、弦楽奏者のアクセントの置き方が、USB-5のほうがわかりやすい。このあたりの違いは、音楽のジャンルを問わないようだ。

　このあとも、いろいろなジャンル、いろいろな楽器や声を聴き比べたが、ほぼ同じ結果が出たので割愛する。

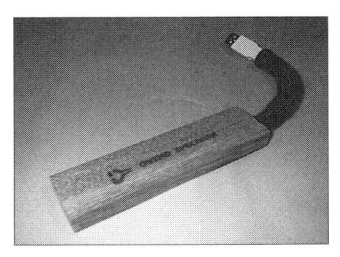

インフラノイズの音楽再生専用メモリー USB-5
（出典：http://www.infranoise.net/products/）

●●●　　　　　　　　　　半導体メモリーに手を加えると明らかに音が変わる

　この記事を書いている最中、わが家を訪れた客人に、CDぶっつけ本番読み（リアルタイム再生）、HDD、1,100円メモリー、USB-5を何の説明もなしに聴かせたところ、前3つの違いはオーディオと無関係な人でも理解できたことも付記しておく。

　USB-5をいち早く購入した関西の仲間たちは、すでに様々な実験に着手。USBメモリーをバラしての振動対策、電磁波対策は序の口で、「○○を貼り付けたら、こういう音になった。□□を貼り付けたら、こういう音になった」と、詳細な情報がとびかっている。

　「アナログ時代は簡単にできた自分なりの音作りが、デジタル時代になってできなくなった」とお嘆きの方にとって、これ以上の楽しみはないかもしれない。ただし、改造はあくまで自己責任でお願いしたい。（「Stereo」2009年5月号）

　あれから5年以上が経過し、いまやCDプレーヤー、D／Aコンバーター、プリ・メインアンプに、USBメモリーの差し込み口が付くのは当たり前。SDカードに音楽データを移し、SDカード・トランスポートを使って音楽再生する仲間も急増中。彼らがなぜUSBメモリーでなくSDカードを選んだのか、SDカードおよびその専用トランスポートにどのような改造を施しているのかについては、また機会を改めて書く。

突如、ネットワーク・オーディオの世界へ

　以上のような経緯をへて、筆者はPCオーディオの世界に飛び込んだ。正直いって、当時ネットワーク・オーディオには何の関心もなかった。要するに「いい音が聴きたい」のであって、iPodで操作できるなどの機能面には一切関心がなかったからだ。しかし、ひょんなことからネットワーク・プレーヤーを導入することになる。

　2009年7月末、クリプトンの192kHz24bit高品位ソフト（DVD－ROM版）2タイトルを購入した。手持ちのノートPCを使って、データをUSBメモリーにリッピングし、USBコンバーターとD／Aコンバーターを介して再生したところ、期待をはるかに上回る音が出たので、絶賛記事を書いて送信。

　しかし、「すごかったよ。みんなも買うといいよ」と仲間にふれまわったところ、「村井さんが使っている無償再生ソフトでは、192kHz24bitはデジタル出力されない。勝手にダウンコンバートされ、CDと大して変わらないフォーマットで出力されているはず。192kHz24bitのまま出力させるには、プロが使うような編集ソフトを購入するしかないけど、そういうのは高価だし、操作もややこしいよ」と教えられ、顔面蒼白！

　もちろん大急ぎで編集者にストップをかけ、その日のうちにクリプトンへGO！「本当に192kHz24bitのまま出力するとどんな音が出るのか」を聴かせてもらい、全面改稿したのだが、その後大きな課題が残った。192kHz24bit高品位ソフトを、今後どうやってわが家で聴けばいいのか!?

　打開策は、大きく分けて2つあった。1つは、音楽再生に特化した静音PCを特注し、192kHz24bitの出力が可能な再生ソフトをインストールする。もう1つは、クリプトンがそうしていたように、LINN DSシリーズのいずれかを導入する。

　さんざ悩み抜いた末、筆者が選んだのは後者だった。

まずは必要なものを買い揃える

　DSは（2009年9月当時）アンプ内蔵のSNEAKY MUSICを除けば3機種あったが、最下位のMAJIK DS（当時はこれだけがデジタル出力付き）を9月11日に発注。親切丁寧なLINNショップをあえて避けたのは「PCと英語にとことん弱い筆者でも初期設定できるか」人体実験してみたかったからだ。

　ルーターは現用機を流用するとして、あとNASを買わねばならない。LINN JAPANのサイトを見ると、何機種か推奨されていたが、筆者はそのなかから迷わずバッファロー社製LS－WSS240GL/R1（SSDタイプ）を選択。240Gバイトで税込み10万6,000円は他の製品に比べバカ高だったが、ここま

での経験で「半導体メモリーの音質は、HDDのそれを圧倒的にしのぐ」とわかりきっていたので、ほかの選択肢はありえない。

マジックDSは、2009年10月14日に配送された。LS－WSS240GL/R1は価格ドットコムで最安店をさがして発注。10月19日に配送された（税込み8万2,800円）。本体の配送に1カ月以上もかかったのは、ちょうど新型スイッチング電源ユニットへの切り替え期だったから。専門誌の記事に、今後はすべてのモデル名末尾に「／d」が付くと書いてあったが、箱に印刷されているモデル名は「／d」なしだったので、LINN JAPANに電話。そうしたら「あれはあくまで識別のための呼称であって、お客様にお届けする製品のモデル名は従来どおりです。どうしても確認したいという場合は、なかをあけていただくと、「／d」をごらんいただけますが、あけないでくださいね」といわれた。

リン MAJIK DS
（出典：「PCオーディオfan」第2号、共同通信社、2010年、184ページ）

リンジャパンから送られてきたMAJIK DS
（出典：同誌185ページ）

バッファロー社製SSD、LS-WSS240GL／R1
（出典：同誌185ページ）

●●● 買ったはいいけど、自分だけでセッティングできるの？

いまだから書けるが、MAJIK DSの段ボール箱は配送以来、おおよそ1カ月放置されていた。PCにも英語にも弱いから、箱をあけるのが怖かったのだ。そこで「きょうこそやるぞ！」と無理やり気合いを注入し、一気に箱を切り裂くと、まず目に入ってきたのが「5年保証登録申込書」。次が「取り扱い説明書（追記）」。うれしいことに、なんと日本語である。追記というのだから、当然本編も日本語？　しかし、噂に聞く高きハードル、ネットワーク設定などに関する記述は一切なく、「このケーブルは、他の機器に使うな」「変な音、においがしたら、電源スイ

ッチを切れ」みたいなことだけが書かれている。

さらに「安全上のご注意」というのもあって、「取り扱い説明書」をよくお読みになり、正しくお使い下さいとある。「取り扱い説明書」への期待がますます高まる。

「必ずご一読下さい」という紙には、「NASのバックアップをお勧めします」とある。ああ、「取り扱い説明書」はいずこ?

筐体が発泡スチロールで挟まれているあたりは日本製機器と同じで、間には段ボール製の小箱も挟まれている。このなかには、電源ケーブルとピンケーブル、LANケーブル、リモコン。「取り扱い説明書」の姿はまだ見えない。

うわっ!! ついに出た。『SAFETY INFORMATION──FOR LINN PRODUCTS』という冊子。全部英語かと思いきや、フランス語、ドイツ語、イタリア語、スペイン語、オランダ語ときて、ラストに日本語も載っている。しかし、安堵したのも束の間。載っているのは「水のそばで使うな」とか「ろうそくなどが触れないように」といった安全面のことばかり。

●●● マニュアルを発見したものの

「そんなことわかってるよ」と『SAFETY INFORMATION』に突っ込んでいたら、ウチのやつがマニュアルを見つけてくれた。ただしそれはCD-ROMで、ラベル面に「INSTALLATION SOFTWARE AND MANUALS」と印字されている。英語か。ぜ、絶望的……。

しかし、MAJIK DSはオーディオ機器である。スキャナーやプリンターのようなPC周辺機器でさえ、USBケーブルで適当につないで、付属CD-ROMを読ませれば、ほぼ全自動で設定をやってくれるじゃないか。このCD-ROMも、それくらいはやってくれるんじゃないか?

しかし、その期待は甘かった。CD-ROMを読ませると、全自動どころかDSシリーズの機種名がアルファベットのまま画面上に並ぶだけ。もちろんMAJIK DSをクリックしたが、そこから先はぜーんぶ英語である。何が書いてあるのか、さっぱりわからん!!

●●● 無料翻訳サイトをフル活用

ええい。こういうときはネットの力にすがるしかない。マニュアルの文章をコピーし、無料翻訳サイトに貼り付けると、以下のような訳文が出てきた。「最新の特徴と形式を楽しみに簡単なソフトウェアの更新でLINN DSシステムを時代について行かせてください。このページはLINN DSとの使用のための最新のソフトウェアへのリンクを含んでいます。ソフトウェアをイン

ストールして、構成しながら付き合いやすくないなら、小売業者に連絡してください」

　ものすごく変な日本語だが、要するに「最新ソフトウェアをダウンロードせよ。それがうまくいかなかったら、LINNショップに電話しろ」ということらしい。

　「同じバージョンか"互換性ファミリー"にはあなたのLINN DSシステムのなかで使用されたすべてのソフトウェアがあるはずです。その最新のものはCaraです。お気に入りの制御ソフトウェアが同じ互換性ファミリーがシステム中で使用されないとあなたのDSプレーヤーが正しく働かないので、アップグレードする前に利用可能であることを確実にしてください。最新のCaraにアップグレードしますから、Konfigをダウンロードして、インストールしてください。Konfigを使用して、各デバイスを最新のファームウェアにアップグレードさせてください。Caraコンパチブル制御ソフトウェアKinskyDesktopをダウンロードして、インストールしてください」

　Caraって何だ？　何度も読んでみると、どうやらDSを制御する基本ソフトらしい。さらにKonfig（インストールされているソフトが最新版かどうかチェックする見張り番）もダウンロードして、その他のソフトを最新版にせよということか。KinskyDesktopは、音楽再生に用いる本体制御ソフトだろう。たぶん。

●●●　**サイトごと翻訳するとダウンロードも容易に**

　まずい！　こんな訳文と格闘していると、ふだんとは違う頭痛が。そこで今度はウェブ翻訳サイトを利用し、LINNのサイトを丸ごと日本語にしてしまう。訳が変なのはさっきまでと変わらないが、「ここをクリックせよ」みたいな指示が少しだけわかりやすくなった。

　たぶんこれだろうと目星をつけたボタンをクリックして、必要なソフトウェアを次々ダウンロードし

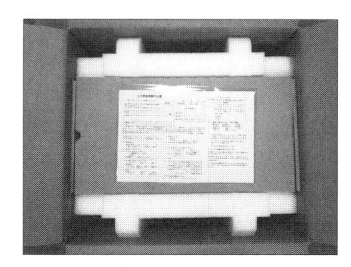

段ボール開封直後
（出典：同誌185ページ）

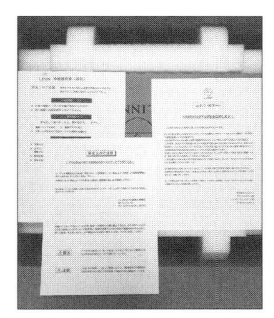

「安全上の注意」などはすべて日本語だが……
（出典：同誌185ページ）

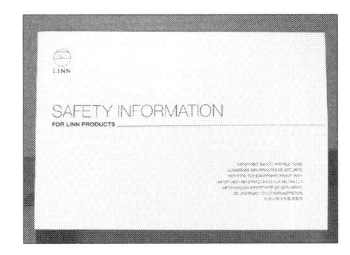

マニュアルはすべて英語
（出典：同誌186ページ）

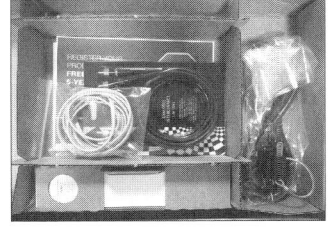

LANケーブル、リン純正ピンケーブル、電源ケーブル、3P-2Pアダプター
（出典：同誌186ページ）

ていくが、Konfigをインストールしようとすると、何度やってもエラーメッセージが出る。

　理由は不明だが、これ以上繰り返しても無駄なので、とりあえず機器本体を箱から取り出し、並べてみることにする（本当はこちらを先にすべきだった？）。マジックDSはメインのオーディオ用ラックに。NASはコーリアン製自作ラックに。ルーターは床の上に置く。そして、いつ買ったのかわからない、どこ製かもわからないLANケーブルでそれらを接続する。

■■■　　　　　　　　　　　　　　　　　　　　　**NASの設定はほぼ全自動**

　ついでだから、付属CD－ROM「Link Navigator」を使って、NASをセットアップ。画面を見て、ほいほいクリックしていくと、あっという間に完了。さすがバッファローだ（あとで聞いた話によると、他社製はこれほど簡単ではないらしい）。

　このあと、LINN JAPANのサイトに戻って、KinskyDesktopをダウンロード。ほぼ全自動で、マイクロソフトNETフレームワークというソフトもダウンロードされる。そうこうするうちに、なぜかさっき挫折したKonfigのインストールも可能になる。

　ここまで終えると、あとはリッピングソフトのダウンロードだけ。LINNは、RipStation MicroDS（以下、RipStationと略記）とExact Audio Copy（以下、EACと略記）を推奨しているのだが、前者はインストールしたものの使い方がわからないから削除。後者はダウンロードしようとしたら、ウイルス対策ソフトが「それはやめろ」と警告を発したから中止!!

■■■　　　　　　　　　　　　　　　　　　　**何はともあれ、8時間で音が出た!**

　LINNが推奨し、オーディオ専門誌でも広く取り上げられているリッピングソフトがよもや有害とは思えないが、箱をあけてからここまでで7時間（!）も経過しているから、きょうはもう寝よう。疲れた……。

　いや。待てよ！　KinskyDesktopがインストールされたのだから、この状態で音出しできるかも。NASは空っぽだが、外付けHDDやUSBメモリーにためてある音楽データをコピーすれば、鳴らせるだろう。

　――ダメだ！　KinskyDesktopがNASに移した音楽データを認識してくれない……。

　WAVファイルなら読んでくれると聞いたから、iTunesでリッピングするという手はどうだろう。すると、あーら不思議。取り込んだばかりのCDデータはもちろん、さっきUSBメモリーからコピーしたデータも認識してく

れるようになった！（リッピングしたあと、データを認知するまでに多少の時間が必要なことは、年明けに判明）

　もちろん、音も出た。最初に聴いたのは、クリプトンが制作した『AMAZING DUO』。もちろん、192kHz24bitのハイレゾだ。パソコン・ディスプレイの隅に、ちゃんと「192kHz24bit」と表示されているのが快感。MAJIK DS本体の液晶にも、同じ文字が表示される。勝手にダウンコンバートされることなく、ちゃんと192kHz24bitを聴いているのだという安心感。いや、それより何よりこんな音（間接音のウブ毛に頬を撫でられ続ける）はわが家で初めて聴く。サンプリング周波数やビットレートは同じでも、DVDオーディオの192kHz24bitとは比較にならない高次な世界だ!!

　8時間かけて、ここまでは何とかたどり着けた。

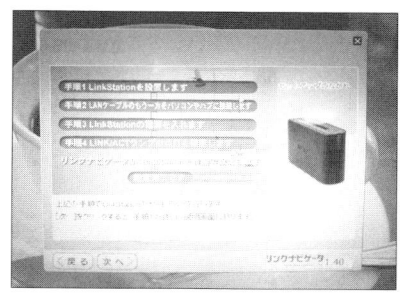

NAS（SSD）の設定は、思いのほか簡単だった

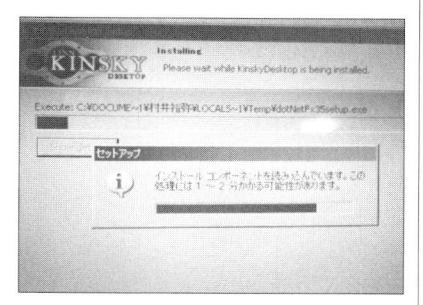

マジックDS本体を制御するKinskyDesktopをダウンロード

プリントアウトした日本語マニュアル。これさえあれば、筆者でも簡単に初期設定できた？

●●●　何だ!?　こんなところに日本語マニュアルが

　とここまでやって、「さあ寝よう」というとき、とんでもないものを発見！　LINN JAPANのサイトに「DS software・manual」というボタンがあるではないか。クリックすると「DSセットアップ手順」に始まりRipStationやEACの日本語マニュアルまで載っている！　いつの間にアップされたのだろう。それとも以前から載っていたのに、見落としていた？

　というわけで、翌朝は「DS software・manual」のプリントアウトから、作業を開始。これがなんとA4横長で92枚もある！「これを冊子にして付けといてくれたらなぁ」と思うが、ソフトが日進月歩だから無駄が増える（同梱したマニュアルがすぐ古くなってしまう）ということなのだろう。

　「DSセットアップ手順」は表紙込みでA4版全11ページ。2ページ目は接続。3ページ目は電源投入の順序。「各種ファイヤーウォール、セキュリティー

第4章●ファイル再生との格闘

065

ソフトは、DS再生の障害となります」ともある。昨夜EACをダウンロードしようとしたとき、「それはやめろ」と警告してきたことなどを指しているのだろう。次からは無視して、ダウンロードしよう。ウイルス対策ソフトそのものをOFFにするのは怖いから。

　4ページ目が「DSに必要なソフト」一覧。KinskyDesktopとKonfigはインストールずみ。ランタイムソフトのうちNETフレームワークもインストールずみ。あとはもう1つのランタイムソフトVisual C＋＋と2つのリッピングソフトだけか。

　Visual C＋＋は、マニュアルに記載されているサイトでダウンロード。

　リッピングソフトその1　RipStationも、マニュアルに記載されているサイトで再ダウンロードし、マニュアルを見ながら初期設定。

　リッピングソフトその2　EACも（ウイルス対策ソフトの警告を押し切って）ダウンロードするが、「付属CD－ROMを使っての初期設定」がうまくいかない。CD－ROMのどこを探しても、マニュアル15ページに載っている画面が出てこないのだ（意図的に削除されたと後日判明）。やむなくその設定を飛ばしてリッピングしてみると、今度は取り込んだデータをKinskyDesktopが認識してくれない！「じゃあRipStationで」と思っても、EACが優先するように設定されてしまったのか、RipStationそのものが動かない。

　やむなくEACを削除すると、RipStationが動くようになったので、手元にあったCDを何枚かリッピング。大半のディスクは自動で曲目などデータが入力されるが、たまに異なるディスクのデータが誤入力されてしまう。また、データを見つけられないときは自分で打ち込むのだが、その結果、同一アーティストの別アルバムや同曲別演奏者のカバー写真が自動で入ってしまうこともある。自分のタイプミスなども合わせ修正する方法があるのだろうが、まだ見つけられずにいる（MediaMonkeyを使えば可能と後日判明）。あと、マジックDSの液晶ディスプレイはカタカナや漢字を表示できないから、アルバム名や曲目、演奏者名はアルファベットで入力することになる。

■■■　　　　　　　　　　　　　　　　　　たった3カ月間でここまで進化

「PCと英語にとことん弱い筆者でも初期設定できるか」という自腹人体実験は、これにて終了。日本語マニュアルなしでも8時間で音が出た。ありなら1時間半？　アナログ・プレーヤーの組み立て＋調整よりはるかにたやすいが、わざわざあなたがそれをする必要はない。親切なLINNショップがすべてやってくれるからだ。

　初期設定を終え、ここまでの原稿を書き、「不便だ、不便だ」とぼやきな

がら、3カ月間使用。音がいいから、多少の使いにくさは我慢できる。年明けにLINN JAPANから「どこかうまくいかないところありますか?」とメールが来たので、前記の内容を送信したところ、今度は電話がかかってきて「お困りの内容は、dBpoweramp という有料リッピングソフトを使うことで、ほぼクリアされますよ。DSユーザーだけのディスカウントサービスも適用されて、たったの24ドルです」

半信半疑でdBpowerampをダウンロード購入すると、不満は99パーセント解消! 発売直後のマニアックなCDでも高い確率で曲目データが見つかるし、カバー写真も正確。これらを隅々までチェックしたうえで、手動スタートさせられるところもいい。

「いいですねぇ、dBpoweramp。これであと、日本語が使えるということなし」

「え? 村井さん、ひょっとするとCaraを更新してないんじゃないですか?」

そういわれてKonfigでチェックしてみると、自分が使っているCaraはバージョン2。最新版はバージョン4になっている。早速バージョン4をダウンロードし、インストールすると、

マジックDSは、メインラックの上から2段目に収めた
(出典:同誌187ページ)

NASは、ルーターの直近のラックのなかに
(出典:同誌187ページ)

再生頻度は、DS3割、SACD2割、アナログ3割、映像2割。CDのリアルタイム再生はしなくなった
(出典:同誌187ページ)

MAJIK DSの液晶に漢字が出た!! それだけでなく、音の立ち上がりが向上し、色合いも濃くなった。この調子で、来年、再来年とさらに進化していくのだろう。すごい時代になったものだ。(「PCオーディオfan」第2号、共同通信社、2010年)

　2011年11月には、関西のオーディオ愛好家たちと、オーディオ道場（熊本県阿蘇郡西原村）に押しかけ、「ヴィンテージ・オーディオvs PCオーディオ」というイベントを開催。これについても大いに語りたいところだが、レポートが「Gaudio+PCオーディオfan」のサイトに掲載されているので、そちらをお読みいただきたい（2012年1月、超大物ブロガー Mt.T2さんのお宅を訪ねたレポートも同じサイトに掲載されているから、ぜひ）。

■■■　　　　　　　DSDはDSDのままD／A変換せよ！　10年前から明らかだった真実
　2011年11月のインターナショナルオーディオショウで、マイテック・デジタルSTEREO192－DSD DACを初めて見た。DSDネイティブ再生が可能な、世界初のD／Aコンバーター。どこの何を世界初とするかは異論もあるようだが、20万円程度で買えるD／Aコンバーター（完成品）のなかでは間違いなく世界初だろう。筆者は、その暮れに入荷したファースト・ロットをゲット。翌12年の1月から、DSDネイティブ再生にどっぷりハマる。

　2002年1月、ラックスマンのDU－10というユニバーサル・プレーヤーを購入した。滅法音のいいプレーヤーだったが、たいそうありがたかったのは、SACDを2つの方法で再生できたこと。DSDをダイレクトにD／A変換するか、それとも一旦マルチビットに変換してからD／A変換するかを選べたのだ。いろいろなSACDで両者を徹底比較試聴した結果、前者の音は極めてアナログに近く、後者の音はよりハイファイ度を高めたCDやDVDオーディオに近いということがわかった。

　もちろん後者の音を好む方もいらっしゃるだろうが、自分はアナログのように滑らかかつウエットでナチュラル、温度感もいくらか高めな音を聴いていたい。だから、「DSDはDSDのままD／A変換すべきだ」と考えるに至った。しかし、2005—07年ごろを境にSACDは失速を開始。

■■■　　　　　　　　　　　　　　　フォーマットの堕落にストップをかけたハイレゾ
　DVDオーディオはそれより早く失速していたから「これで今後はCDフォーマットかそれ以下に収斂してしまうのか」と心配されたが、その流れにとりあえずブレーキをかけたのがマルチビットのハイレゾ音源だった。96kHz24ビットも、192kHz24ビットも、DVDオーディオ時代に経験してい

たが、最新の環境で再生するハイレゾ音源は、10年前よりその威力が顕著で、なおかつナチュラル。旋風は2008年春ごろ起こり、09年夏には市民権を得たと記憶する。

しかし、マルチビットのハイレゾ音源でさえ、これほど見事に再生されるのだ。もし、DSDファイルが配信され、それを最先端の環境で再生したら、どれほどすばらしいことか。

ラックスマン　ユニバーサルプレーヤー DU-10
(出典：http://www.luxman.co.jp/)

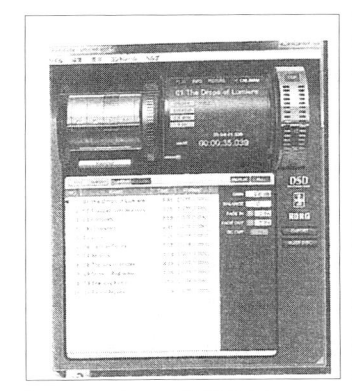

●●● **2年前、ようやくDSDの配信が始まったものの**

その夢がかなえられたのは翌2010年。8月にはOTOTOYが、12月にはe-onkyo musicが、DSDファイルの配信を開始！　しかし、その知らせは同時に苦悩の始まりでもあった。せっかく配信されたDSDファイルをどうやって再生するかが大問題なのだ。

当時この2つの配信サイトでは、①KORGのDSD再生＆変換ソフトAudio Gateを使って再生、②KORGの小型レコーダーMR2をiPod的に使って、ヘッドフォン再生、③KORGのDSDレコーダーMR-2000Sを使って再生、④DSDディスクに焼いたのち、DSDディスク対応プレーヤーかゲーム機PS3で再生、といった4つの再生法が紹介されていた。

だが、①は途中でマルチビットに変換されてしまうし、②は原則ヘッドフォン。③は、録音をしない人までレコーダーを買わなければいけないうえに、PCから一旦ファイルを内蔵HDDにコピーする必要がある。④はディスクに焼いて聴くのだから、SACDと同じになってしまう。しかも、ほとんどのSACDプレーヤーはDSDディスクを認識してくれない！

「Audio Gate」：コルグが提供するファイルフォーマットの変換アプリ
(出典：「Stereo」2012年4月号、音楽之友社、83ページ)

コルグ　MR-2
(出典：http://www.korg.co.jp/Product/DRS/MR-2/)

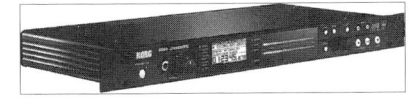

コルグ　MR-2000S
(出典：http://www.korg.co.jp/Product/DRS/MR-2000S/)

● ● ●　　　　　　　　　　　　　DSDの魅力を知る人たちが世界中で知恵を絞る

　しかし、翌2011年お正月あたりから、情勢が微妙に変わってきた。「こういう基板を使って、この再生ソフトを使ったら、PCでDSDネイティブ再生ができた」というレポートがネット上で数多く見られるようになったのだ。再生ソフトの開発も、世界のあちこちで進行中らしい。デジタルの最先端をいく人たちの間で、DSDがブームになっている？　いくつかのブログを追っていくと、それらの情報をもとに、すでにネイティブ再生を実践している方もかなりの数いらっしゃるようだ。こういう動きは、メーカーによる製品化が近い前兆にちがいない。

　そんなことを考えていたら、2011年9月には、dCSのD／AコンバーターDebussyによるDSDネイティブ再生が可能になったというビッグニュースが飛び込んできた！（太陽インターナショナル社長・内田眞一氏が直接教えてくれた）

　続いて、プレイバックデザインのD／Aコンバーター MPD－3もDSDネイティブ再生が可能と発表された。

　フォステクスからはDACヘッドホンアンプHP－A8も発表され、「秋のヘッドフォン祭2011」などで、多くのファンを集めたが、この原稿を書いている時点で未発売。

　マイテック・デジタルSTEREO192－DSD DAC M（23万1,000円）は、2011年11月のインターナショナルオーディオショウで、DSDネイティブ再生を披露。そのとき聴いた音があまりに衝撃的だったため、筆者は輸入元・今井商事に押しかけ、同機を徹底試聴。12月末に入荷したファースト・ロットを購入し、HQ Playerという有料再生ソフトをダウンロードすることで、ようやく自宅でのDSDネイティブ再生が可能となった。

　CDフォーマットでさえ、リアルタイム再生と一旦HDDやSSDに取り込んだのちの再生には大きな違いがあるのだ。マルチビットのハイレゾ音源でそのメリットがさらに大きくなったから、DSDの場合もそのメリットは同等かそれ以上に大きいはずと踏んでいたが、その予想は見事的中！　と同時に、10年前感じた「DSDはDSDのままD／A変換すべきだ」の正しさも改めて実感できた。

　いまでは「オーディオという趣味の世界が今後も続いていくためには、このDSDネイティブ再生の流れを進化・普及させていくしかない」と確信している。（「Stereo」2012年4月号）

　ちょうどこのころ、九州を代表するブロガー西野和馬氏が、わが家にいらっしゃった。そのときの会話を載せると、この話がさらにわかりやすくなる

のだが、字数が多いので直接彼のブログをお読みいただきたい。「村井さんちに行こう」で検索すると、ヒットするはずだ。

●●● DSDネイティブ再生の魅力を音楽誌の読者にも

「レコード芸術」（音楽之友社）2012年5月号で、「俺のオーディオ」というリレー連載が始まった。元はといえば、あの寺島靖国氏が「オーディオ記事にはパーソナルが足りない。客観性を気取って、冷静な文章書いてちゃ、読者はついてこないぞ」と提唱して始まった企画だ。もちろん寺島氏が第1回を執筆したが、なぜか第2回のお鉢が筆者のところに回ってきた。がんばって書いたつもりだが、「まだ自分の出し方が足りない」と2回も書き直し。以下は、3度目に書いた原稿。もちろんDSDネイティブ再生の話を書いた。音楽誌の読者にも、DSDネイティブ再生の魅力を知ってほしいからだ。

　CDプレーヤーのプレイボタンを押し、音楽が鳴りだす直前が好きだ。会場ノイズが何となく感じられるだけでいい。「自分はいま、○○年○月の□□にいるんだ」という気分になれる。オーディオはタイムマシン。録音さえ残っていれば、どこへでもタイムスリップできる。

　あるときはナチス占領下のプラハで、ベドジフ・スメタナ『わが祖国』を聴き、終演後聴衆たちと一緒にチェコ国歌を口ずさむ。またあるときは、バイロイト音楽祭再開の瞬間に立ち会う。再建されたウィーン国立歌劇場のこけら落とし公演に涙することもある。もちろん、歴史的コンサートにだけこだわっているわけではない。名もない町でひっそりお

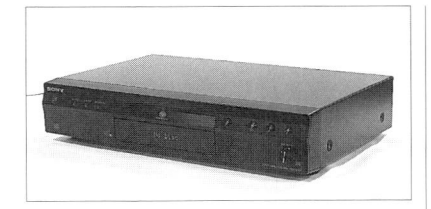

ソニー　SCD-XE800
（出典：http://www.sony.jp/audio/products/SCD-XE800/）

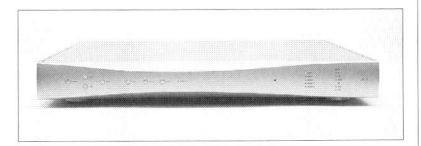

dCS　Debussy
（出典：http://www.taiyo-international.com/products/dcs/debussy-dac/）

プレイバック・デザインズ　MPD-3
（出典：http://www.playbackdesigns.com/）

フォステクス　HP-A8
（出典：http://www.fostex.jp/products/hp-A8）

筆者宅にセットされたマイテック・デジタルのStereo192-DSDDAC M
（出典：前掲「Stereo」2012年4月号、84ページ）

こなわれた公演に心揺さぶられることも多い。それらのすべてを生で聴くことは不可能だから、オーディオは本当にありがたい。

　では、そうやってタイムスリップするためのオーディオに必要なことは何だろう。ずばり、リアリティとノンカラーレーション！　こういう言葉を使うとすぐ「蒸留水サウンドか」と誤解されそうだが、そうではない。目を閉じて聴いたとき、本当にその場にいる気分になりたいのだ。ただ、いくら生々しくても、ほかの奏者や会場のように聞こえたら聴いている意味がないから、ソースに入っている情報を極力歪めずに鳴らしたい。

　だから、チェック用ソフトも自分たちが録ったCDや実際その会場にいたライヴ・レコーディングを使うことが多い。その結果、理想に到達できたとは思わないが、まあいい線まで来られたのではないかと感じている。

■■■　　　　　　　　　　　CDのデータはいったんリッピングしてから再生する

　では、そういった音を出すためにどんな機器を使っているのか。フツーはCDプレーヤーから解説するところだが、わが家にCDプレーヤーはない。CDのデータはパソコンで読み取り、SSD（半導体メモリ）に収めたうえで、それを再生する。ちなみに、こういったデータの取り込みを、近年はリッピングと呼ぶ。再生には、LINNのマジック DSというネットワーク・プレーヤーを使用。これを使うと、パソコンの電源を落としても、SSD内のデータ再生が可能になる（この電源OFFの効果が、また恐ろしく大きいのだ）。

　CDプレーヤーというものがあるのに、なぜそんな面倒臭いことをするのか。もちろん自分もかつてはCDプレーヤーを常用していたが、それらの多くは「どうだ、いい音だろう」と音のよさをひけらかすような傾向があった。つんとすました表情で、近寄りがたい機種もあった。これらは、オーディオ仲間を驚かせるのにはもってこいだが、自分が求めている世界とはかなり違う。

　どうしたものか。あれこれ迷っていると、2008年10月「CDのデータをリッピングしてから再生すると、CD臭さが減るよ」という話が伝わってきた。「高速回転するCDから、リアルタイムにすべてのデータを読み取れるわけがないじゃないか。必ず読み飛ばしや読み間違いがあるはず。そこへいくとパソコンは、盤面の傷や汚れのため読みにくくなったデータでも、低速回転させたり、何度も読み込んだりすることで、本当に正しいか確認してから取り込んでくれる。こっちが絶対有利に決まっている」

　本当かと疑ってかかったが、なるほど実際やってみると、CDプレーヤーとは少々傾向の違う音が出てくる。そこで、「こちらのほうが将来性ありそ

うだ」と判断し、2009年9月ハイエンドCDプレーヤーを処分。最初はクオリティー的に物足りないところもあったが、より高い精度でリッピングできるソフトを購入したり、SSDの電源を良質なもの（アコースティックリヴァイブのバッテリーリファレンス電源RBR-1）に替えたり、LANケーブルを替えたり、LANケーブル用ノイズフィルターを採用したりして、少しずつ階段を昇ってきた。

●●● D／AコンバーターをGPSクロックで制御

先にも述べたが、自分はそうやってリッピングしたデータを、LINN マジック DSというネットワーク・プレーヤー経由で再生している。DSシリーズのなかで最も廉価な製品だったが、当時の上級機はデジタル出力が付いていなかったので、2009年10月これを購入。

マジックDSから取り出したデジタル出力は、マイテック・デジタルSTEREO192－DSD DACで、アナログに変換している。このD／Aコンバーターにはいくつも特徴があるが、外部クロック接続端子（ワードシンク入力端子）が付いていることもそのひとつ。

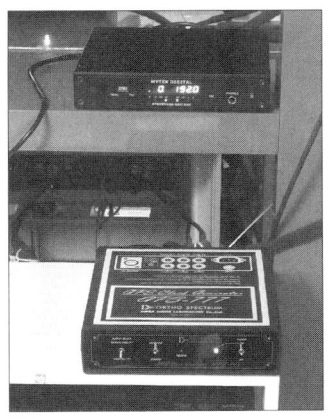

インフラノイズのクロックGPS-777（前）で、D／Aコンバーター（うしろ）を制御

これがGPSクロックのアンテナ

音楽にメトロノームがあるように、デジタルデータの伝送には、正確なタイミングを刻んでやるクロックというものが必要になる。だから、CDプレーヤーでも、デジタルアンプでも、すべてのデジタル機器には、クロックが内蔵されている。その多くは水晶発振器だが、これの精度を上げていくと、驚くほど音質が向上する。

自分は、インフラノイズABS－7777という、電波時計の校正波を利用したクロックを2004年8月から使ってきたが、11年10月同社製GPS－777というクロックに鞍替え。こちらはGPS（USAが打ち上げた軍事用衛星から発せられる電波）を利用することで、さらに上の世界に到達している。詳しくは本誌2月号291ページ（本書109－110ページに再録）をご併読いただきたいが、これを使うことで、直接音はフォーカスがより明瞭になり、間接音はその密度と薫りを増す。品位の向上もかなりのものだが、ただお上品になるというのではない。デジタル臭さを徹底排除して、本来そうであった音に復元されるよう

な変わり様なのだ。

●●● DSDネイティブ再生は世界を救う

　しかし、マイテック・デジタルSTEREO192－DSD DACの特徴は、外部クロックを簡単につなげることだけではない。DSDのネイティブ再生が可能な（当時としては）数少ないD／Aコンバーターのひとつであり、それらのなかで最もお値打ちな製品なのだ。

　DSDネイティブ再生について簡単に説明しよう。デジタル音楽データには、マルチビット方式とDSD（高速1ビット）方式があり、CDには前者、SACDには後者が記録されている。

　先に説明したように、CDをSSDなどにリッピングしてから再生すると、音質はかなり向上する。だったら、SSDなどに収めたDSDファイルをそのまま再生すれば、よりすばらしい音が出るのではないか。これは誰でも考えつくことだ。

　しかし、これには2つのハードルがあった。1つは、SACDのリッピングができないこと（強力なコピーガードがかかっているうえに、コピーガード破りは現在違法行為）。もう1つは、仮にリッピングできるとしても、それをそのまま再生できる機器がほとんどなかったこと（昨秋までは、コルグの録音機MR－2000Sなどを買うしかなかった）。

　だから、ダウンロードやデータディスクでDSDファイルを入手できるようになっても、多くの人は、それをいったんマルチビットに直してから再生するしかなかった（プロセスが増える分、どうしても音質が犠牲になってしまう）。DSDネイティブ再生は、その途中変換なしに、直接DSDをアナログに変換するベストな手法なのだ。

　マイテック・デジタルSTEREO192－DSD DACは昨年12月にファースト・ロットが入荷。自宅で聴くDSDネイティブ再生は、想像をはるかに超えて、自分の理想に近いものだった。

　幸い、DSDネイティブ再生が可能な機器は増えつつある。ダウンロードできるソフトも増加中。これまでCDを聴いて、「なんか違うなあ」と思っている人に聴いてもらうと、「これだよ！　俺の聴きたかったのは」と飛び上がってくれるものと思われる。

　SACDに力を入れていたレーベルの倉庫には、DSD録音されたオリジナルマスターや、お宝アナログマスターからDSD化されたファイルがたくさん眠っているはずだ。これらをダウンロード販売すれば、市場は活性化し、アーティストもファンもより幸せになれると思うのだが、いかがなも

のだろう。

●●● 高級プリアンプのクオリティーに DACプリ2台で挑戦

「どうして100万から200万円クラスの高級SACDプレーヤーを買わなかったのか」と尋ねられることも多いが、これもCDプレーヤーを処分した理由に似ている。姉妹誌「Stereo」2011年3月号の特集で、そのクラスの製品をほぼすべて聴かせてもらい、心を動かされた機種もあったのだが、大多数はいかにも筋骨たくましく、レンジ感が広く、迫力満点な音（オーディオ愛好家好みの音）であり、自分が求めている世界とはどこか違うなと感じたのだ。ひと言でいえば、「立派すぎる」。

ちなみに、プリアンプに関しては、なかなか本命に巡り会えず、2012年4月現在DACプリ2台をモノラル使いして、音量調節をおこなっている。モノラル使いすることによって、クロストークの悪影響がなくなり、音場や定位だけでなく、聴感上のDレンジが拡大する（音楽の表情がより豊かになる）などのメリットも感じられる。

そうやってプリをモノラル使いしているのに、ステレオパワーアンプを使っているというのはいかにも情けないが、ハルクロのモノラルパワーアンプdm88は800万円以上もするから、とても手が出ない。なぜハルクロにしたかについては初単行本『これだ!オーディオ術』に詳しく書いたが、2005年12月の自宅集中試聴で最も色付けが少なく、静かな音の製品だったからだ。

スピーカー、ルーメンホワイト　ホワイトライトは、この年末で満10年となる。2002年9月のインターナショナルショウで、「このスピーカーだけが全く別次元の音を出している。このスピーカーが刺身なら、あとのスピー

DACプリCAPRICE2台をぜいたくに使って音量調整（2013年暮れからはマックトンXX-550）

スピーカー下のインシュレーターは、紆余曲折の末、Ge3「雲泥2」に

Ge3の歴代インシュレータ。左上が初代「菱餅」、その下が「礎（いしずえ）」、右奥「雲泥」、右手前「雲泥2」

カーはみんな一夜干しだ」と直感したから購入。

●●●　　　　　　　　　　　　　　　　　気がつくと、内なる声に従っていた
　以上のラインナップは、きちんとした長期計画に基づいて買い揃えられたものではない。悪くいえば、その時々の判断であり、ほんの数分間聴いて購入を決意した製品もある。
　ただ、こうやって全体を俯瞰してみると、それらはただの気まぐれでなく、自分の奥底にある「その日会場で鳴り響いた音を、できるだけ忠実に再現したい」という強い思いにかられての判断だったことがわかる。
　さあ、きょうはいつの時代、どこの国にタイムスリップしようか。(「レコード芸術」2012年6月号)

●●●　　　　　　　　　　　　　ASIO2.1方式で、DSD5.6MHzのファイルも再生可能に
　2011年暮れ、マイテック・デジタルSTEREO192－DSD DAC MというD／Aコンバーターを購入。以後1年あまり、これをマイ・システムの中核に据え、DSDネイティブ再生を堪能してきたが、最近この製品が進化したというニュース(「Net Audio」第9号、音元出版、2013年)を読んだ。これまでは、DSDファイルをあたかもマルチビットであるかのように見せかけてDACに送るDoP(DSD over PCM)方式を採用していたが、ASIO2.1を使ったDSD再生も可能になったのだという。
　ASIO2.1のデビューは2005年3月フランクフルトで開催されたMusikMesse。DSDをパソコンで扱いたいというメーカーの要請に応えて、スタインバーグ社が作った規格だ。07年夏には、この方式を踏まえたパソコンも発売された。DSDディスクが生まれたのも、「CDデータをDSDにアップコンバートするとCD臭さが消える」と巷でささやかれるようになったのも、実はこのときだ(当時は「そんなことをして何になる。ただ多少雰囲気を変えているだけだ」と思っていたが、後年その重要さに気づく)。
　その後ASIO2.1によるDSD再生はいったん姿を消し、2011年夏ごろから顕著になったDSDネイティブ再生の波は、DoP方式に乗っかってやってきた。これは、どちらの方式が優れているかではなく、PCオーディオの世界で大きなシェアを占めるアップル社のパソコンでASIO2.1が使えないからだろう。そんな障壁を押し分けかき分けして、ASIO2.1がやっと見えるところに浮上。さて、その音質はいかに!?
　マイテック・デジタルの輸入元、今井商事に電話すると「ファームウェアの書き換えをしないと、ASIO2.1再生はできません。ダウンロードは誰でも

可能だけれど、インストールには、Fire Wireで出力できるパソコンが必要です」といわれたので、DAC本体をかかえて、今井商事を訪ねる。

インストールは、5分とかからなかった。さあ、これでASIO2.1によるDSDネイティブ再生が可能になったぞ！　帰宅後、聴き慣れたDSDファイルをたて続けに再生。

違う……。確かに違う。もやが晴れて、よりハッキリくっきりした印象。演奏そのものも、より積極的に聞こえる。

プラシーボ効果やファームウェア書き換えによる音質向上の可能性もあるから、設定を前日に戻し、DoP方式で同じDSDファイルを再生してみる。なるほど。確かにこちらも前日よりいくらかクリアになっているが、ASIO2.1による再生に比べると明らかに「まとまりを重視した、調和型の音」（どちらが好きかは、あくまで好みの問題）。しかし、これはマイテック・デジタルだけの傾向かもしれない。ほかの製品もぜひ聴き比べなければ。

幸い、新宿のビックロ（麻倉怜士氏のセミナー）でティアックUD-501を聴けたので、DoP方式とASIO方式の違いをチェック。その結果、マイテック・デジタルとほぼ同じ傾向であることがわかった。

1月28日には、e-onkyoが、DSD5.6MHzの配信を開始。数日前までは再生できなかった5.6MHzも、ASIO2.1のおかげで再生可能になっているから、早速2タイトルを購入。

伊藤栄麻さんが弾く『バッハ：ゴルトベルク変奏曲』は、1994年2月松本市音楽文化ホールでの録音。同年12月にまずはCDが発売され、2011年12月には、88kHz24bit、176kHz24bitのファイルを収めたDVD-

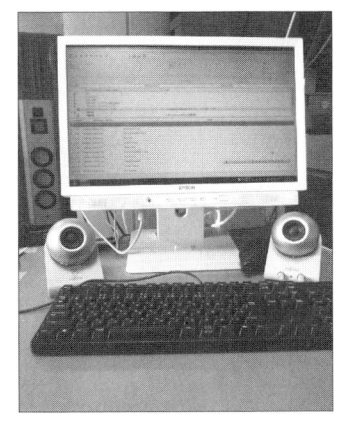

当時の筆者のPCオーディオの構成
PC：エプソン［Endeavor ST150］カスタマイズ（Windows7、Core i7-640M、メモリ8GB、SSD）＋音楽再生ソフト：HQPlayer→フィデリックス：ノイズフィルター［HiFi USB］※→USBケーブル：オルソスペクトラム［USB-W4］→USB-DAC：マイテック・デジタル［Stereo192-DSD DAC M］
※これを挿入することでクォリティが俄然アップ。ノイズ除去力が同等のものはほかにもあるが、ハイレゾやDSDの送信を妨げるものが意外と多い
（出典：「Stereo」2013年3月号、音楽之友社、34ページ）

2013年1月新宿のビックロでおこなわれたDSDセミナー。これだけの機器を、一気にチェックできた

ROMも発売された。ピアノで演奏されたゴルトベルク変奏曲としては、最も美しい響きをとらえた録音として知られる。

　しかし、今後筆者がそれらを聴くことはないだろう。一度5.6MHzを体験してしまうと、それまで最高だと思っていた176kHz24bitも光をなくしてしまって、それをありがたがって聴いたこと自体信じられなくなる。鮮度、情報量、音の色数、演奏の抑揚、あらゆる点で、5.6MHzは他を圧倒。いや、それでいていたずらに音像の輪郭やレンジ感を強調することなく、あくまでナチュラルであるというのが最大の長所かもしれない。

　マティアス・ランデアス・トリオ『オープニング』もこれまでに、176kHz24bitや2.8MHzが配信されているが、5.6MHzの威力は明らか。2.8MHzとの差はマルチビットの場合より小さいものの、音の色合いや演奏の抑揚に違いが認められる（きっちり比べると、2.8MHzはいくらかこぢんまりした世界に感じられてしまうのだ）。

　これまで何度も書いていることだが、筆者はパソコンが好きで、こんなことをやっているわけではない（ホンネをいえば、極力さわらずにすませたいと思っている。そのおバカさ加減については、本書60－68ページ参照）。ただ、DSDネイティブ再生によって得られる音が好きだから実践しているのだ。

　何はともあれ、どこかでこの音を体験していただきたい。そうすれば「村井はこのことを言っていたのか」と強く共感していただけるはずだ。

（「Stereo」2013年3月号）

　この文章を書いたのは2013年初頭。同年夏には、スフォルツァートがDSDファイル対応のネットワーク・プレーヤー DSP－03を発売し、ついにネットワーク・プレーヤーでもDSDネイティブ再生が可能になった！　筆者は、「何が何でもDSDネイティブ再生を普及させたい」と考えているから、スフォルツァートと組んだデモをおこなったり、自分のラジオ番組の収録にDSP－03を使ったりしたのだが、いまのところ、爆発的ブームが起きた気配はない。幸い2014年夏DSP－05というよりCP比の高い製品が発売されたので、それが起爆剤となることを期待したい。

● 第5章

管球式アンプの世界へようこそ

●●● **長く付き合いたい！　管球式アンプの魅力と底力**

「Stereo」で、管球式アンプの集中試聴をおこなった。プリ・メインアンプ8機種を聴いたあと、こんなあとがきを書いた。

　本誌「Stereo」2006年3月号48ページに、「アンプを組むにも一思案」という記事を書いた（前著『これだ！オーディオ術』172—174ページに再録）。前年秋にルーメンホワイトのローンが終わったので、「さて次は、このスピーカーにふさわしいトランジスタ・アンプを買おう」と自宅試聴をおおよそ3カ月間続けた話だ。ずいぶん前から計画していたから、「あれも聴こう」「これも聴こう」とプランはふくらむばかり。「きっと毎日楽しいだろうなあ」とその日を待ち焦がれていた。

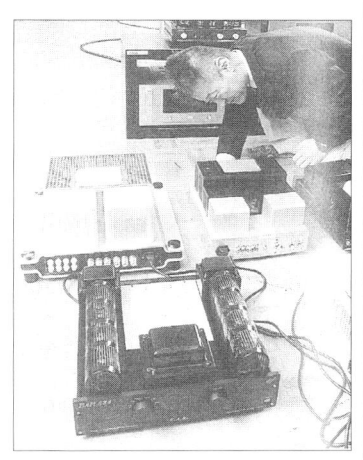

真空管アンプをチェックする筆者
（出典：「Stereo」2012年10月号、音楽之友社、45ページ）

　しかし、実際その自宅試聴が始まると、あまり楽しくはなかった。がっかりさせられることが多く、暗い日々が延々と続いたのだ（ひいきブランドがちょうど手頃な価格帯の製品を欠いている時期だったとか、優れたパワーアンプを持つブランドはプリアンプがなかなか完成しないなど不運も重なった）。

　しかし、あとでよく考えてわかったのだが、あのがっかりは「自宅試聴したトランジスタ・アンプが駄目だったから」ではなく、「それまで使っていた某管球式アンプ（30万円）があまりによくできていたから」なのだ。

　もちろん、100万円も出せばそれなりに満足できるトランジスタ・アンプは買えた。しかし、それでは買い換える意味がないではないか。買い換えるからには、「以前使っていた管球式アンプよりずっといい音になった!!」と感激にひたりたい。しかし、いろいろ試していくうちに、それは100万円クラスのトランジスタ・アンプには到底無理な相談だということがわかってきた。

　そこで筆者は、さらに候補機の価格帯を上げ、200万円、300万円クラスのセパレートを試聴。しかし、まだしっくりこない。結局最終的に購入した

のは、合計で600万円を超えるハルクロのセパレート・アンプだった（dm8、dm38）。

　以上はあくまで筆者の個人的なエピソードなので、「600万円未満のトランジスタ・アンプは無意味だ」などと主張しているのではない。ただ、「管球式アンプの上をいく音を、トランジスタ・アンプで出そうとすると、えらく高い買い物になるよ」という話だ。

　内輪話になるが、今回の集中試聴は実はセパレート・アンプが先で、プリ・メインはその翌日だった。「最初にいいものを聴いちゃうと、あとで安いのを聴くのがいやになっちゃうでしょ」。当然そう心配してくださる方がいらっしゃるだろうが、実際やってみるとそんな雰囲気は微塵もなかった。

　ゲオルク・ショルティ指揮『ラインの黄金』から「虹の架け橋」、井上博義『14YEARS AFTER』4曲目「即興ブルース」は、生半可なアンプだと安全装置がはたらいてしまうほどのド迫力ソフトだが、大音量再生で歪むようなこともなかった。

　もちろん、世の中には50Wの管球式アンプではどうしたって鳴らないスピーカーも存在する。しかし、そんなやっかいなものは使わなければいいのだ。今回試聴できた8台のうちどれかを買って、素直なスピーカーと組み合わせる。そして、身軽でシンプルな音楽生活を送れたら、どんなに幸せだろうと思う。（「Stereo」2012年10月号）

　同じ号で、プリアンプ5機種、パワーアンプ6機種を聴いたあとにはこのようなあとがきを書いている。

　自分でいうのも何だが、原稿を書くのはかなり速いほうだ。しかし、今回は試聴後なかなかキーボードを叩く気になれなかった。一つひとつのアンプが聴かせてくれた音が、何となく鼓膜に残っていて、「あの音よかったなあ」「この音もよかったなあ」と、いつまでも思い出にひたっていたかったからだ。

　いま自分の原稿を読み返してみて、また試聴時のことを思い出している。いや、正確にいうと「幸せ感」にどっぷりひたっている。

　東日本大震災以来、節電が一種のブームになり、「真空管はちょっと」とお考えの方もいらっしゃるだろう。しかし、公表されているデータを見ると、EL34を8本も使うマックトンMS－1000でも消費電力は最大380W。50型プラズマテレビ（パナソニックTH－P50ZT5）の465Wに比べれば、はるかに省エネ。

　「真空管がすぐ切れそうで」と心配される方もまだいらっしゃるが、きちん

と設計された製品なら、10年は持つ。「古臭い音なんじゃないか」「最新録音には向かないんじゃないか」と気にされる方もいらっしゃるが、今回の試聴で、最新録音がアウト（!）だった製品は1つもない。

　もう一度誌面を読み直し、ビビッときたメーカーに電話をかける。「どこへ行けば試聴できるか」「自宅試聴用貸出機はないのか」と問い合わせてみる。そうすることで、新しい世界がきっと開けるはずだ。（「Stereo」2012年10月号）

XX-3000
（出典：http://mactone.com/）

XX-550
（出典：http://mactone.com/）

●●● マックトン十番勝負

　2013年2月「マックトン十番勝負」という月1イベントを始めた。8代将軍徳川吉宗のご落胤・葵新吾の映画（主演：大川橋蔵）とは何の関係もない。要するに、マックトンのアンプが毎回どこかの製品と勝負をして、参加者のみなさまにその決着を見届けてもらおうという対決型のスリリングなイベントだ。

XX-220
（出典：http://mactone.com/）

　ご存じない方もいらっしゃろうから、マックトンについて簡単に紹介しておく。1964年創業の手づくり管球式アンプメーカー。本社および試聴室は東京・杉並区（最寄り駅は西武新宿線・井荻）。ちょうど「真空管からトランジスタに切り替わる時期」だったが、「だからこそ、真空管アンプの牙城を俺が守る」と松本健治郎氏が一念発起して起業。以後半世紀にわたって、幾多の名機を世に送り出してきた。実績のわりに知名度がいまひとつなのは、ヨーロッパへの輸出がメインだったからと思われる。

　しかし話によると、2011年3月の福島原発事故以降その輸出が滞りがちなのだという。「日本から来るものはみんな放射能で汚染されている」という噂が拡がったようで、予約キャンセルが相次いだ。東日本大震災の風評被害は、こんなところにまで拡がっていたのだ！

筆者が月1イベントをやろうと思い付いたのは、それを聞いた直後。月1イベントが、ヨーロッパの人たちの考えを変えることはできないが、マックトンのよさ、管球式アンプのよさを世に広めることはできる。「俺がやらずに誰がやる!!」と考えた。

　2月22日（金）第1回には、リリック（Nmode）のデジタルアンプX－PM10が参戦。いまさらいうまでもなく、あのシャープ「オプトニカ」高速1ビットアンプの高い志を何とか21世紀にもつないでいこうというメンバーが作り上げた逸品。営業部長・瀬戸山貴博氏がわざわざ福岡から上京されたのだから、その気合いの入り方も尋常ではない。スピーカーも、キソアコースティックからHB－1を借りることができた。何を隠そう、筆者がいまいちばんほしいスピーカーだ。自主制作映画にあこがれのアイドルが出演してくれるような幸せ（後日、HB－X1が発売され、ナンバーワンの地位はそちらに移行。この新製品についてはまた、機会を改めて詳述したい）。

　3月29日（金）第2回には、「三極管以上の特性を半導体で実現した」と謳うヒット開発研究所のデビュー作LTC101055Sが参戦。開発者・福島彰氏も来場され、熱弁をふるった。SITとよく混同されるが、あちらは素子そのものの特性が類似。こちらは回路によってそれ以上の特性を実現。
　発売元となるナノテック・システムズから借りた金・銀コロイド溶液含浸ケーブルも音質改善に貢献。「先月気になったくせは、やっぱりケーブルのせいだったんだね」ということになった。「こんな静かな（S／N比感の高い）アンプは珍しい」「いやな音を出さないアンプだ」といった声も聞かれた。
　キソアコースティックのアクセサリーブランド静―Shizuka―が作ったケーブルノイズキャンセラー CNC20－200が、あっと驚くほど効いたことも付記しておこう。「こんな静かなアンプは珍しい」の3割くらいは、ひょっとするとこれのおかげだったのかもしれない。
　閉会後は、関係者間のオーディオ談義が延々と続き、終電ぎりぎりセーフ（お茶一杯飲まず、ただただ語り続けていた）。それだけ中身の濃い会だった証といえるだろう。

　4月26日（金）第3回には、ALLION T－200svが参戦。このアンプをプロデュースした島元澄夫氏（出水電器）に、オーディオ専用電源工事までしてもらったから、透明感・力感がこれまでの2回とは段違い!
　この日は「無改造CDプレーヤー」と「出川式電源に載せ替えたCDプレ

ーヤー」の聴き比べもおこなわれたが、「電源をいじるだけで、こんなにも違うのか!?」というため息があちこちから漏れた。考案者・出川三郎氏も参加し、技術的解説がおこなわれたが、とても要約しきれない内容なので、A&R Labのサイトを参照していただきたい。

　5月31日（金）第4回には、EAR912（プリアンプ）と861（パワーアンプ）が参戦。EAR対マックトンだけでなく、EARのプリ＋マックトンのパワーアンプといった組み合わせも試された。
　プリアンプは航空機のコックピットか管制塔のようなものだから、音質だけでなく、操作感が重要。その点、EAR912の操作感は申し分ない。やはり、ボリュームはある程度のねっとり感が必要なのだ。

　6月28日（金）第5回には、「九州のアインシュタイン」と称される鬼才、永井明氏のブランドSATRI（バクーン・プロダクツ社）が参戦。
　D／Aコンバーター　　DAC－9730
　プリアンプ　　　　　PRE－5410MK3
　パワーアンプ　　　　SHP－5516M－S
といったフルラインナップで、濃密かつリアルな音を聴かせてくれた。永井氏も熊本からおいでになって、「SATRI回路とは何か」を解説。首都圏のSATRIファン、永井ファンもかなりの人数いらしていた。ある意味、マックトン・松本健治郎氏が最も緊張した夜だったかもしれない。

　7月26日（金）第6回には、EAR912と861が再登場。「これでこそティム・パラヴィチ

メインブレーカーの直後にある漏電遮断機の直前から100Vを引く
（出典：http://musicbird.jp/audio_column/ p31/）

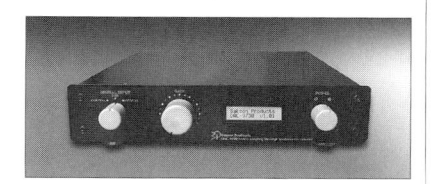

SATRI DAC－9730
（出典：http://bakoon-products.com/DAC-9730.html）

SATRI PRE－5410mk3
（出典：http://bakoon-products.com/PRE-5410.html）

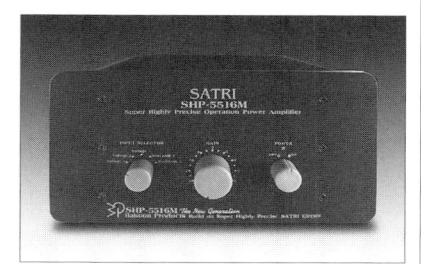

SATRI SHP－5516M－S
（出典：http://bakoon-products.com/shp-5516m.html）

第5章 ● 管球式アンプの世界へようこそ

083

ーニの世界」とリピーターのみなさまも大満足。

「EARといえば、アナログ再生」とお思いの方が多いようだが、CDやSACDをかけても、EARならではの表現力と気品は健在。

8月30日（金）第7回からはDSD特集（他社製品と勝負するのではなく、DSDの魅力をいかにして引き出すかというチャレンジに路線変更）。管球式アンプとDSDは真逆の世界のように受け取っている方もいらっしゃるが、実はたいそう相性がよい。

今井商事代表・今井哲哉氏はマイテック・デジタルStereo192-DSD DAC（筆者も愛用中）を持ち込み、CDフォーマット、マルチビットのハイレゾ、DSDの違いをわかりやすくデモ。ここまでならショップイベントでもよくある企画だが、それに加えて、全く同じ演奏をSACDとDSDネイティブ再生で聴き比べられたのが面白かった。

今井氏がAudioGateを使ってコンバートした「なんちゃってDSD（CDデータから作った5.6MHz）」も大好評。「そんなことして何の意味があるのか⁉」と感じられる方が多数と思われるが、「とにかく聴いてみてください」と言うほかない。もちろんオリジナルの5.6MHzと同じ音にはならないが、「DSDらしい雰囲気」は確実に醸し出す（そのファイルは、11月のインターナショナルオーディオショウでも披露され、大反響を呼んだ）。

9月27日（金）第8回は、スフォルツァート代表・小俣恭一氏を招いて「最新ネットワーク・プレーヤーDSP-03を使ったDSDネイティブ再生」。最新DSDファイルを中心に、様々なハイレゾを堪能。

しかし、DSP-03のいいところは、CDフォーマットの音も高品位に再生できるところだ。閉会後も、お客様方が小俣氏を取り囲み、「要するに、何と何を買えばいいのか」「設定は、本当にビギナーでも可能なのか」など質問の嵐。

やはり、管球式アンプとDSDは相性がいいのだ！

10月25日（金）第9回は、「そうはいっても、SACDでDSDを楽しみたい人たちもいる」というテーマで、ヤマハCD-S3000とA-S3000を借用。この秋最も注目されたSACD／CDプレーヤーとプリ・メインアンプの実力を、お客様方と検証した。

「定年退職する人が、人生最後に買うオーディオ機器として最上の選択ではないか」というのが筆者の結論。

CD－S3000の下に敷いた、長谷弘工業のインシュレーター「ティラミス」も、全体の音調を整えるのに大きく貢献した。

　11月29日（金）第10回は、ハーマンインターナショナルからJBL K2S9900を借り、「マックトンの総力を結集して、この巨大スピーカーを鳴らしきる会」に！
①XX－220（プリ）＋MS－1000（パワーアンプ）
②XX－550（プリ）＋MS－1500（パワーアンプ）
③XX－3000（プリ）＋M－8V（OTLモノラルパワーアンプ）
といった組み合わせで鳴らしたのだが、「安いものから高いものへ、だんだんよくなる」といった単純な違いではなく、それぞれの性格の違いが聴き取れ、なかなか興味深い会になった。

　歌手の井筒香奈江さんもご来場されたので、カバーアルバム『時のまにまに』シリーズ（パシフィックオーディオ、2011―13年）を、1、2、3と聴き比べたが、その音作りの違いがハッキリ出た。ご本人も「ここまでわかっちゃうんですね。緊張して、いやな汗かいちゃいましたよ」と苦笑い。休憩時間は、急遽サイン会に！

　閉会後は「これまででいちばんよい音でしたね」と何人ものお客様から言われたが、それは「この日の組み合わせがいちばん」という意味ではなく、この10ヵ月間に、「この部屋の音をよくするための工夫」をマックトンが重ねてきたからだろう。ケーブルの吟味とその引き回し、インシュレーター（Ge3の「礎（イシズエ）」を採用）、電源工事、床の補強、ルームアコースティックの改善など、一つひとつがクオリティー・アップに貢献。インフラノイズから借りた「リベラメンテ」シリーズ（ピンケーブルとスピーカーケーブル）がラストを見事に締めくくったことも付記しておこう。

マックトン十番勝負最終回の様子
（出典：http://musicbird.jp/audio_column/p31/）

井筒香奈江さん本人からレコーディング秘話を聞き出す筆者
（出典：http://musicbird.jp/audio_column/p31/）

以上10回のイベントにご参加いただいたのべ110名以上のお客様方には、心よりお礼を申し上げたい。「マックトン十番勝負」はとりあえずこれでおしまいだが、月1イベントはまたやりたい。どこかからお声がかかると嬉しいのだが。(ミュージックバードのリレー連載コラム「ミュージックバードってオーディオだ!」2013年12月20日更新)

●第6章

確認音源とは何か

　広島を中心に活動するオーディオクラブASC（アコースティックサウンドクラブ）に加入して、もう16年以上が経過する。ここに載せる文章は2006年初秋に配布された会報に書いた文章だが、筆者のオーディオや録音、マスタリングについての考え方が明瞭に説かれているので、自戒の意味を込めて掲載する。

　オーディオというのは、極めてやっかいな趣味だ。世間の人からは、「なんやようわからんけど、めったやたら高価な製品を買い揃え、そのステイタスにすがって、自室に引きこもる人たち」といぶかしがられているようだし、いちばん近いはずの人種、音楽ファンからも「音を聴いて、音楽を聴かない人たち」「所詮ライヴの代用品にすぎないCD、一種の缶詰料理をあがめている人たち」とさげすまれる日々。

　もちろん、これら世間の声を「ケッ」と笑い飛ばすのは簡単だけど、実在する「そういった方々」と一線を画し、健全なオーディオ愛好家であり続けるのは、意外と難しい。

　なぜって、そのためにはまず「こうすれば、こういう音になる」という幾多のノウハウと、その結果出た音を聴いて「よし。これは当たり」「これはハズレ」と評価する耳が必要だから。特に、後者ね（「どっちが好みか」というレベルの話ではないから要注意）。

　ケーブルを交換する。インシュレーターをはさむ。スピーカーの位置を変える。確かに音は変わった！　しかし、その前と比べ、どちらがいい音なのかわからない。こういう悩みをお持ちの方が、いまも何万人といらっしゃるはず……。

■■■　　　　　　　　　　　　　　　　　　　**道案内は必要だけど**

　筆者は、中級以上のオーディオ愛好家を対象に「あなたは、どうやってこの苦境を乗り越えましたか」というアンケートを実施したことがあるのだけれど、最も多かった回答は「適切な師匠につく」。その次が「評価ソフトを1枚に絞り、それがよりよく鳴るように調整する」。うん。確かに、そうすれば嵐の海からの脱出は可能。

　しかし、この2つの方法には、致命的な問題点がつきまとう。「適切な師

匠」に評価基準その他を教えてもらうのは確かに近道だが、その影響力から終生逃れられなくなる可能性も大。しかも、その師匠の傾向（やたら定位だけ気にするとか、ぶよぶよした低音が好きとか）がそのまま伝染してしまう。「評価ソフトを1枚に絞る」は、一見よいようだが、そのソフトだけちゃんと鳴る（ほかのソフトをかけると最悪の）システムになってしまう可能性大。

　そこで多くの人は、「複数の師匠について、チャンポンすれば」とか「評価ソフトを増やして、平均値を」と考えるワケだが、「船頭多くして、船山に登る」のことわざどおり、結局どっちつかずになってしまう……。

●●● ASCに入会すると

　ASCは、そんなどっちつかず状態におちいってしまったマニアや嵐の海でおぼれそうなビギナーにとって、灯台のような存在だ。

　ASCに入会したら、何をおいても、生録会に参加しよう。「え？　俺、生録とか興味ねぇし」とかいってる場合じゃない!!　すべてをほっぽらかして、駆け付けるべし。そして、生音の鮮度を全身で浴びる。さらには、録音係からヘッドフォンを奪い取り、まだメディア（CD-Rなど）に記録されていない音も聴く。演奏が終わったら、メディアに記録された音も聴く。数カ月後、生録CD-Rあるいは生録CD（以下、それらを《確認音源》と呼ぶ）がご自宅に送られてきたら、即再生し、「脳裏に刻み付けた生音と自宅システムから出てくる音のギャップ」に打ちのめされる（このとき、悔し泣きするくらいの人が将来有望!）。その後、雄々しく立ち上がって、そのギャップをなくすべく、調整に励めば、あなたはもう嵐の海と無縁なオーディオライフを送ることができるのだ。

　「ええっ!?　なんかよくわからない。市販CDと「確認音源」は、そんなに違うものなの!?」と首をひねっている方のために、もう少し噛み砕いた説明をしよう。

●●● 塩が多すぎるから、砂糖を入れよう？

　市販CD最大の問題点は、「オーディオ愛好家でない人を対象に作っている」ところ。だから、1万円以下のラジカセで聴いても楽しめるように、圧縮したデータをチープなイヤホンで聴いてもノレるよう仕上げてある。手っ取り早くいうと、素材の味を無視して、どばどば濃厚ソースで味をまとめているのだ。しかも、レーベルによって、マスタリングエンジニアによって、その濃厚ソースの味がまるで違う。だから、特定の市販CDをもとにオーディオ・システムの調整をしていくと、「そのCDに、たまたまかかっている

2006年3月に収録されたベースとピアノのデュオは、『14YEARS AFTER』というタイトルでリリースされた。現在、筆者の最強チェック用ソフト

2007年4月は、河村貴之の華麗なトランペット・ソロを収録。これも『HARBOR WIND』というタイトルでリリースされた

2008年4月、録ったばかりの演奏をチェックする井上博義(左)と藤井政美(右)

2014年5月広島市内のジャズスポット「ミンガス」で収録された演奏は、まず全会員にCD-Rが配布され、のちDSDマスターの貸出もおこなわれた

濃厚ソースに相性を合わせているだけ」で、それ以外のCDには全く合わない音になってしまうのだ。

　そこへいくと、「確認音源」は、人工的な味付けが皆無に近い。しかも、あなたの脳裏には、何より確かな「生音の記憶」が刻み込まれている。だから、「確認音源」を使ってシステムを調整すると、95パーセント以上の市販CDを魅力的に鳴らすことができるようになる。しかし、市販CDを使って調整したシステムで、「確認音源」を再生すると、おおよそ80パーセントの確率で、変な音が飛び出してくる!

　「ああでもない、こうでもない」と試行錯誤を繰り返すのが好きな方にはお勧めしない。一時でもはやくオーディオ迷路から脱却し、「本当に好きな音楽」にひたりたいあなただけに、ASC入会をお勧めしたい。

● 第7章

音楽ソフト制作者との対話

●●●　　　　　　　　　　　　　　　　　　REQST西野正和氏との対談

"浴びるような低音"が楽しめる音楽作品を今回、本誌（Net Audio）の付録にご提供いただいた。もともと、西野正和氏の著作『すぐできる！新・最高音質セッティング術──オーディオ＆自宅スタジオが理想のサウンドに』（リットーミュージック、2012年）の付録CDに収められた音源だが、本の刊行後、「e-onkyo music」（http://www.e-onkyo.com/music/）で同楽曲のハイレゾ版の販売を始めたところ、オーディオファンに大変な人気を呼んだ。そのハイレゾ・ヴァージョンから、1分強のサンプルを本誌付録として、ご提供いただいたのである。加えて今回は、オリジナル楽曲のほか、ミキシングの段階であえて作った「エレキ・ヴァイオリンだけ逆相」「ベースだけ逆相」「キック（ドラムスのバスドラ）だけ逆相」というトラックも用意。なんと位相違いの聞こえ方がハイレゾで体験できるのだ。ぜひ低音の魅力と、逆相の聴き分けを楽しんでいただきたい。

●●●　　　　　　　　　"低音"はオーディオ仲間で話題となる永遠のテーマだ

村井　レコーディングの日、現場まで遊びに行ったときは楽しかったですよ。ところでなぜ今回「低音」をテーマとしたんですか？

西野　オーディオのイベントをやったり、その打ち上げで盛り上がったりしたとき、低音の話は必ず出るんですよ。「俺の出す低音のほうがすごい」（笑）って。そういうオーディオ自慢、低音自慢をしたい人達のためには、低音を切ってないソフトがあったほうが面白いだろう。そこで思い付いたのが、これまでの常識を超えた低音を入れたソフトです。それもキックベースの速い低音。

村井　なるほど。ベーシストとドラマーはどんな方ですか。

西野　ドラムスの石川雅春さんは、国内で作られたCDを並べて石を投げたら彼が参加している盤に当たる、それくらい活躍されている方です。ライヴサポートもされています。渡辺貞夫さん、角松敏生さんともお仕事されていますね。ベースの川崎哲平さんは、若手ナンバーワン。わが社のベースケーブルをお使いで、そのご縁で知り合ったのですが、槇原敬之さん、ピンクレディー、DIMENSIONらのツアーに引っ張りだこという方です。そして録

音の日、たまたまスケジュールが空いていたからということで、ヴァイオリンの金子飛鳥さんにも参加していただきました。日本が世界に誇るスーパー・ヴァイオリニストです。

村井 今回の音源はハイレゾですね。

西野 なぜ96kHz24bitのハイレゾで低音を録音再生するかをお話ししましょう。音圧競争というのがいまありますけれど、音圧をどんどん上げていくと、音楽のダイナミクスがなくなってしまう。しかしその一方で多少はそれをやらないと、ほかのCDに比べて聴き取りにくいという問題も出てくる。波形を見ると真っ黒けというのがいいとされているんですが、僕は96kHzならそこまでいかなくてもいいんじゃないかと思うんです。だから、今回作った96kHzに関しては、リミッターやコンプレッサーなど音圧を稼ぐことは一切していない。だから、ギザギザの美しい波形が見られるはずです。ふだんこういう音楽のCDを聴く気にならない村井さんも、スタジオでは楽しかったと言ってくれた。その楽しさを何とか、オーディオ・システムでも再生できないかと思ってミックスしたわけです。

村井 96kHzに関しては、ミックスはしてもマスタリングはしてないとのことですが、素材の鮮度が高い分、そのまま食べてもおいしいということですね。では、その96kHzの器の大きさを最大限生かしたというファイルを再生してみましょう。

（石川雅春／川崎哲平／金子飛鳥「Trio——Move the Woofer」〔2012年〕オリジナルを試聴）

村井 あの日、スタジオで感じた喜びが蘇ってきましたね。

西野 ドン (!!) っていうキックベースの音ですが、ふつうはここまで入れないんですよ。でも、僕がエンジニアさんに「もっともっと」と言って、エンジニアさんが「限界ですよ」と言ったところからさらに「もう1つ」と言って、無理やり入れてもらったんです。96kHzでないとこうはいきません。今回は、エレキ・ヴァイオリン、エレキベース、ドラムスのトリオを1曲だけ収録できたのですが、その曲のミックス違いを4つ収録しています。1つは、すべての楽器の位相が正しいもの。ほかの3つは、1つずつ逆になっているもの。

（ここで「EV（エレキ・ヴァイオリン）逆相」を再生する）

村井 これは分かりやすかったですね。ヴァイオリンの押し出しが全然違う。正解（オリジナル）は、聴き手にかなり近いところまで迫ってきていたのに、逆相は何十センチかそれ以上も後ろに下がってしまいましたね。前後の定位だけでなく、ヴァイオリンの音色もかなり違う。正解ほどは美しくない。ど

こか濁った、わざと歪ませたような音。

西野 これが初級篇です。次、中級篇いきますか?

(「ベース逆相」を再生)

村井 これもまた、ずいぶん違いますね。正解の方は、3人が一体となって音楽をやっているんですよ。パートごとの音が見事に混じり合って、ひとつの世界を作っていた。ところが、エレキベースだけ逆相の音は、タイミングを合わせて一緒に演奏しているのに、一体感がないですね。どこか違うところにいっちゃってる感じ。

西野 きっちり低域の位相が合ったスピーカーをお使いの方は、この逆相も簡単に聴き分けられるはず。しかし、例えばバスレフ効果がものすごく強調されたスピーカーや周波数特性だけを追い求めたスピーカーをお使いの場合は分かりにくくなるんです。

(「キック逆相」を再生)

村井 そこいらへんでよく聴く音になっちゃった。ふつうのシステムでかけるために、低音を制限したソフトのように聴こえました。キックベースの音だけ逆相になるから、ほかのマイクに漏れていくキックベースの音とプラスマイナスが打ち消し合って、ちょうどノイズキャンセリング・ヘッドフォンのようなことが起きているのですね。だから叩いても叩いても、音が出ていない。ブラックホールに吸われちゃってる感じです。

西野 実はこのキックベースだけ逆相というのは、書籍の付録を作ったときには「難しすぎるからやめよう」とボツになった企画なんです。

村井 これは絶対、はやりますよ。自分の部屋にオーディオ仲間を呼んで、「どの楽器が逆相か当ててみろ」って迫っている読者の顔が目に浮かびます。

西野 僕にそれをさせないでほしいですね(笑)。ぜひ「e−onkyo」で、全曲ダウンロードして、96kHz24bitの広大な世界をご堪能ください。(「Net Audio」第7号、2012年)

●●● **出水電器のオーディオ用電源工事が、ここでも貢献**

オクタヴィアの音がよくなったのはどうやら「マイ柱」のせいらしい。

オクタヴィア・レコード。1999年6月に設立された国内屈指のクラシック・レーベルだ。豊かな音楽性と録音にこだわったソフト制作で広く知られ、アシュケナージ、インバル、バボラークらによるクラシックの名盤が、オーディオ愛好家の間でも熱烈支持されている。その一方で、菅野沖彦氏がオーディオラボ時代に録音したジャズの名盤を丁寧にSACD化しているのもオクタヴィア・レコードだ。

そんなオクタヴィア・レコードの音質が、昨年初夏さらに進化した。あちこちでその話をしたら、情報通から「電源環境が改善されたからでしょう」という声が返ってきた。「Audio Accessory」第144号(2012年)を開くと、「新スタジオ誕生ものがたり　まずはマイ柱、立つ!」という記事が載っている。なるほど。

　そういえば、昨年のまだ寒さが残るころ、出水電器・島元澄夫氏が「近日中に、オクタヴィアの音がよくなりますから、楽しみにしていてください。マイ柱効果だけでなく、アース棒を50本も打ちましたしね」と語っていたのを思い出した。しかし、それだけでこんなにもソフトの音質が変わるのだろうか。そのあたりのことを詳しく尋ねたくて、オクタヴィア・レコードを訪ねた。

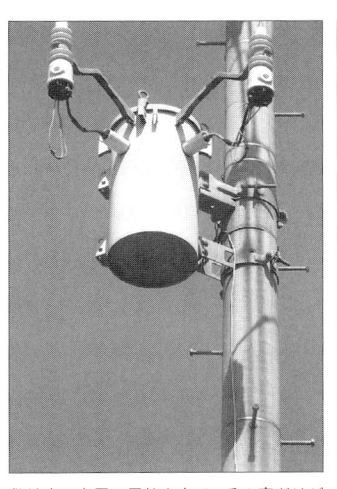

敷地内に専用の電柱を立て、その家だけが使うトランスを設置。これが「マイ柱」だ

　最初にお話ししてくれたのは、取締役副社長・小野浩氏。
「弊社では、録音に響きのよいホールを使用します。しかし、ホールにはいろいろな制限があって、こだわった電源は使えないのです。しかし、何とかもっとピュアな電源で録音できないかと悩んでいた一昨年秋に、島元さんが現れ、「そんなケーブルじゃ駄目ですよ」と言われ、それまで使っていた5.5スケ(約3ミリ径の導体)電源ケーブルを、22スケ(約5ミリ径の導体)に替えてみた。そうしたら、モニタースピーカーから出てくる音が、ガラッと変わったのです。「よーく聴いて違うな」じゃない。まるっきり違う。そこにピアノがボーン(!)と見えるようになった。おかげで、あれ以降録ったものはすべて音がよくなった。生音に極めて近い音を録れるようになったのです」

　代表取締役社長・江崎友淑氏からはこんなお話をうかがった。
「何が正しい電源なのかについては、1991年ごろからずぅっと悩み続けてきました。様々な方法を試すうち、かなりいい線まできたのですが、それにもだんだん不満が出てきた。柔らかくてやさしい音楽にはいいのですが、バルトークやストラヴィンスキーなど激しい音楽には向いていない。それを使うと、音決めを短時間でできるというメリットはあるのですが、それは「楽をしてるだけだ」と気づきまして、「時間かけて、マイクのベストポジションを探す労を惜しんでは駄目だ。どのボードを敷くか、どのインシュレーターを挟むかなどに時間をかけるべきだ」と悟りまして、電源も基本に戻ろうと考えるようになったのです。

このマスタリング・スタジオの建築を考えたのは、ちょうどそういう考えにたどり着いた頃です。やはり電源の屋内配線が重要だろうと考え、「壁のなかを通す線に、何かいいのあります?」といろいろな方に訊いて回った。そうこうするうち、とある方から「そういうことなら、島元さんに訊くのがいちばん」と言われまして、「これこれこういうケーブルを使おうと思っているんですけど」と相談したら、「ああ、それじゃ駄目。最悪」と瞬時に却下。そのあと、出水電器試聴室の音を聴いたり、お話を聞いたりするうち、「ああ、やはりうまい水と同じで、上流の、まだ汚れていない電源を使うべきなのだな」と思うようになりました。

　弊社の録音は、周辺に商業施設や工場のないホールでおこなうことが多いのですが、そういうホールで収録した音は、やはり違う。ホールの改修というのも時折おこなわれますが、電源やアースを見直したホールは音がよくなるということも何度か経験していますから、その分島元さんの言うことがわかりやすかった。

　マイ柱工事・アース工事直後の音は、確かに野太くなったのですが、肌ざわりなどは納得いく音ではなかった。でも、事前に「エージングが必要だ」と聞かされていましたので、なじむのを待ちました。そうしたらしばらくして、こことほかの場所の違いがものすごく出てきた。ここでマスタリングしたものとよそでマスタリングしたものの違いがあるのはもちろんのこと、同じCDをここでリッピングしたのとよそでリッピングしたのでも、音が違うのです。奥深い音と薄っぺらな音。

　そのおかげで、エージング後は、録音後の音を自在に動かせるようになりました。それも、イコライザーでいじるのでなく、機器のネジを材質の異なるもの、形状の異なるものに交換したり、そこに金糸銀糸を巻いたりして音を調整していく。マイ柱の前は、そんなことで音が変わるとは思えなかったけど、いまはそれで音を理想に近づけることができる」

　要するに、最高の電源環境が、エンジニアの感性までも高めるというお話だ。ほかにはこんなお話も。

「先日アビイ・ロード・スタジオで、小林研一郎指揮ロンドン・フィルハーモニー管弦楽団による『チャイコフスキー:交響曲全集』を録音したのですが、ヨーロッパ本土より10〜20ボルト電圧が高い分、音がいいのですよ。水道管が、ボーンと太くなったかのような変化。いやあ、びっくりしました。あんなに違うとは思わなかった」

　最後は、江崎氏たちがいま最も熱中しているSP盤の音も聴かせてもらった。それもクリストファ・N・野澤氏の究極コレクションを、マック杉崎氏

が整備した至高のクレデンザで。それがあまりに魅力的だったため、「こういう音を自宅でも聴きたいのに、できないってつらいですね」と漏らしたら、「この音をマイク録音して、ソフト化します。もちろんこの味わいを最大限取り込んで。どうかご期待ください」と言われた。オクタヴィア・レコードの今後が、ますます楽しみになってきた！（「電源＆アクセサリー大全2014」〔季刊・オーディオアクセサリー特別増刊〕2013年秋号、音元出版）

SP盤再生は、ノスタルジーではない。ある意味、究極のハイファイなのだ

『ブロニスラフ・フーベルマンの芸術』。ベストコンディションのSPを、至高の蓄音機で再生。そのエッセンスをぎゅっと詰め込んだSACDがこれだ！

ロンドンの240Vが、オクタヴィア・レコード江崎氏の優秀録音をさらにあと押し

●第8章

オーディオ・アクセサリー

　クラシック専門の音楽誌で、2012年5月号から「クラシック再生のためのオーディオ・アクセサリー」という記事を書き続けている。クラシック音楽以外にも有効な製品がほとんどなので、ぜひ熟読していただきたい。

■■■　　　　　　　　　　　　　　　バック工芸社のスピーカースタンドBasicシリーズ

　2012年3月、紀尾井ホールでドヴォルザークとチャイコフスキーのピアノ三重奏曲（河村尚子／佐藤俊介／堤剛）を聴いた。ふだんから室内楽を聴き込んでいるわけではないので、十分予習してから行ったのだが、生音が自宅オーディオ機器の音とあまりに違うので、大いにとまどった。自宅で聴いていたのは、もっとチマチマした、こぢんまりまとまった音。しかし、紀尾井ホールで鳴り響いていたのは、とてつもなくスケールが大きく、無限大エネルギーが四方八方に飛び散り、聴き手側に襲いかかるような音だった。

　筆者はその強烈なエネルギーを全身で受け止めながら、「クラシック音楽の再生は、やはり難しいものだ」と痛感。「生音がオーディオ機器の音よりいいのは当たり前だろう」と早合点される方もいらっしゃるだろうが、これはそういう主旨の話ではないから、もう少し先までお読みいただきたい。

　わが家で聴くピアノ三重奏曲がチマチマした音だったのは、機器の限界などではなく、筆者が「室内楽とはそういう世界だ」と勝手に思い込んで鳴らしていたからだ。だから、帰宅直後、まずは音量をぐっと上げてみた。そして次に、振動対策グッズやケーブルを「聞きやすく抑える傾向の製品」から「エネルギーを解き放つ傾向の製品」に変更（これは一度におこなわず、1つずつ耳でその効果を確認したうえで進めていく必要がある）。試行錯誤の結果、わが家の機器は無限大とまではいかないものの、それまでの手かせ足かせをはじき飛ばし、奔放なピアノ三重奏曲を聴かせてくれるようになった。

　しかし、この手の思い込みは筆者だけにとどまらず、ちまたには「クラシック向き」と呼ばれるオーディオ機器がかなりの数存在する。そして、やっかいなのはそういう「クラシック向き」機器の多くが、優美で聞きやすくまとめられた音の再生を得意とし、四方八方に飛び散る無限大エネルギーの再生には向かないことだ。

　さて、こういった現状を踏まえ、今回何をみなさまに紹介すればいいか。

もちろん、「それまでの手かせ足かせをはじき飛ばし、奔放に鳴るようになるアクセサリー」があれば好適なのだが、そんなものがあるのか。
　あった！　山形県鶴岡市にバック工芸社というメーカーがある。ここが作っているBasicシリーズというスピーカースタンドがまさにそれだ。ウェブサイトには、オーディオラボ・オガワというショップ名が併記されているが、こちらはヴィンテージ・スピーカーを忠実に修復してくれる工房。古今東西のスピーカーを丁寧に修理して、お客様に生まれ変わった音を聴いていただく。そのとき少しでも喜んでいただきたくて作ったスタンドがBasicシリーズなのだという。
　これに載せると、どんな鳴らしにくいスピーカーも、生まれ変わったかのようにのびのび歌いだす。音色、やや明るめ。暖色系で、香気やウエット感も十分。特に魅力的なのは弦楽器や声。「深夜に聴くことが多いので、音量を上げられない」という方にもぜひお薦めしたい。（「レコード芸術」2012年5月号）

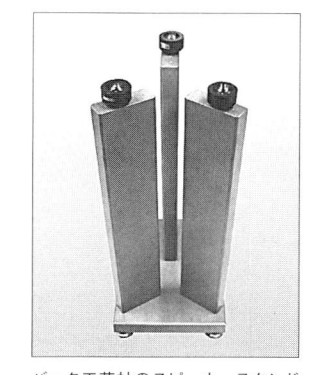

バック工芸社のスピーカースタンド Basicシリーズ1
（出典：http://audiolab.co.jp/bachkogei/basic/1.html）

●●● お部屋のS／N比を改善するインナーサッシ

　「最も強く心に残る生演奏は何ですか」と問われたら、何と答えよう。幾多の名演が脳裏に浮かぶが、クリスタ・ルートヴィヒ最後の来日公演が有力候補のひとつであることは間違いない。1994年10月28日NHKホール。
　「なぜこれを挙げるのか」とさらに問われたら、「ラスト来日公演であるにもかかわらず、衰えを感じさせず、このうえなく深い世界を聴かせてくれたから。そして、静けさの重要性を思い知らせてくれたから」と答えよう。エンディングに向け、ルートヴィヒが「これでもか」というほどかそけき声で歌うようになり、微細な表現のあやを聴かせてくれたとき、聴衆は「そのすべてを聴き取ろう」と耳の感度を最高度に上げ、ひたすら集中。そして、最後のppが消えた瞬間、ホール内は真の静寂に包まれ、どこからかエアコンのゴーゴーうなる音（!）が聞こえてきた。
　以後、何十回と同ホールに行ったが、あれほどのうなりは聴いたことがな

手前の白い樹脂製の窓枠がインナーサッシ。DIYで簡単にはめ込み、どんな窓も二重にできる

い。ということは、あの日のルートヴィヒのppがいかにこまやかだったか、またそれを聴き取ろうとした耳の感度がいかに研ぎ澄まされていたかということになる。

「ははあ。今月は静かな冷暖房機に買い換えて、オーディオの音をよくしようという話か」と早合点された方がいらっしゃるかもしれない。残念ながら、本当に静かな冷暖房機はあるものの、まだみなさまにお薦めできるような価格になっていない。今回お薦めするのは、アルミサッシの内側にはめ込むことで、どんな窓も二重窓にしてしまうインナーサッシだ。

とりあえずトステムのインプラス（IN＋PLUS）をあげるが、別に他社のものでもいい。ただ、業者に工事を依頼すると、出費が増えてしまうから、日曜大工で付けやすそうなものということで、これをあげておく。詳しくはインターネットで検索するか、トステムに電話するかしていただければいいのだが、費用対効果を考えると、これほど効き目のある音質対策はほかに思い付かない。とにかく、これを付けると部屋が静かになる。そして、将来どんな機器に買い換えようと、この対策はプラスに作用し続ける。

筆者はもともと、防音効果を期待してこれを採用したのだが、大きな音を出して喜んでいたのは最初の数日間だけ。「なんだ。部屋が静かになると、大きな音を出さなくても、いい音で聴けるじゃないか」と気づき、再生音量は工事前よりかえって小さめになった。それでいて、音楽の表情はより豊かかつダイナミックになり、消え入りそうなppで奏者たちが何をしているかも見えるようになった。オーディオ機器を2ランク上のものに総取っ替えしたような変化だった。

冷暖房費が安くなる、真冬でも結露しない、カビの心配がなくなるなど、生活面でのメリットも多く、デメリットは思い付かない。その分、ご家族の理解も得やすいはずだ。（「レコード芸術」2012年6月号）

●●● チェック用CDをきちんと決めよう

数年前、高級カーオーディオ・ブランドの全国大会で、審査員をつとめたことがある。残暑厳しき折り、エアコンを切った車内でひたすらチェック用CDを聴く。主催者から指定された審査項目は10もある。短時間のうちに、153台の音を聴き、審査は終了。

そのとき驚かされたことのひとつは、3人の審査員による点数が153台10項目ほぼ同じだったこと！

どうしてそんなことが可能なのか⁉　筆者の場合は、使い慣れたチェック用CD高橋竹山『津軽三味線』のおかげだと感じている。冒頭の拍手、鋭く

立ち上がる伴奏楽器、味わい深い歌など、チェックポイントに満ちているので、15年間も使っている。いちばん大切なのは、そのCDの出来がいいことではない。15年間も使い続けたことだ。
　さて、話をその全国大会に戻す。全国から何百人ものインストーラーが集結し、最終日の夕食後、表彰式。
「第○位は、□□県からご参加の△△です」
　発表のたび、会場全体がどよめき、拍手、ガッツポーズ、胴上げ。全体的な傾向としては、頑丈に作られたランドクルーザーとドイツ製高級車が有利だったと記憶している。
　あと、こんなこともあった。「ジャズのノリが最高。ヴォーカルもリアルかつ色っぽい。それだけなら上位入賞間違いなし。ただし、クラシックをかけると全然駄目」という車が何台もあったのだ（興味深いことに、その逆の車は1台もなかった）。
　なぜそんなことが起きるのか。気になったので、表彰式後のパーティーで、そういった車を手がけたインストーラー数人から話を聞いてみた。そうしたら、みなさん口を揃えてこうおっしゃるのだ。
「クラシックのコンサートなんか行ったことがない。俺たちの町には、そんなもの来ない」
　生のクラシックを一度も聴いたことのない人が、たぶんこんなんだろうなあと想像して、カーオーディオの音決めをする。それが当たる確率がどれくらいかはいうまでもないだろう。
　以上の体験を踏まえ、今月はみなさまに以下のことを提案したい。①オーディオチェック用CDを固定しよう。できたら何十年も使い続けよう。②その内容は、アコースティック楽器と人の声が望ましい。ただし、極力自然に収録されていることが重要。③その楽器や人の声を、最低でも年に一度は生で聴く。
　いちばん難しいのは③かもしれない。しかし、クラシック・ファンであるあなたなら、年に一度生音を聴ける演奏家の一人くらいいるのではないか。世界的名手でなくてもいいのだ。その人のCDを買って、各種オーディオチェックに使い続ける。そうして、年に一度はその方向（機器の購入やそのセッティング）が間違っていないか、生を聴いてチェックする。
　この繰り返しが、あなたの音を確実に進化させていくのだ。（「レコード芸

筆者がおおよそ17年間使用しているチェック用ソフト『津軽三味線』

術」2012年7月号)

●●● サーロジックのSVパネル

　6月初旬、北海道からクレズマー・デュオ　ビロビジャンが上京。首都圏のライヴハウスで連夜公演をおこなった。筆者はそのほとんどに駆け付け、彼らの音楽性の高さに感心させられる一方、「会場によって、こんなにも聞こえ方が違うのか」と愕然。それをきっかけに、改めて「オーディオでの室内音響の重要性」を考えるようになった。

　しかし実際考えだすと、これは意外とやっかいな問題だ。オーディオ機器の力を100パーセント引き出すために、何をすればいいか。本誌読者のみなさまは、どのようなことを想起されるだろうか。たぶん吸音材かそれに類したもの（カーテン、クッションなど）を想像されるのではないか。これはたぶん、中学・高校時代にのぞいた放送室の壁（穴あきボードのなかに吸音材が詰まっている）に起因するものと考えられる。

　確かに、すっきりした音を収録するには、ある程度の吸音が必要だ。しかしこれはあくまで収録（録音）の場であって、再生の場ではない。しかし、そこのところを混同して、スピーカーまわりに吸音性のものを配置したがる人が意外と多い。これはご近所やご家族に迷惑をかけたくないから少しでも防音しようというもう1つの誤解（そんなことをしても防音・遮音にはならないのに）も相まって、全国あちこちで見かけられる。

　しかし、その結果どんなことになるのか。ヴァイオリンやフルートからつやが消え、打楽器の立ち上がりが鈍くなり、人の声はリアリティーを欠く。どんな音楽をかけても、のれない。わくわくできない。仕方がないからボリュームを上げるが、それでも奏者が聴き手のほうに迫ってこない。

　こういう話をすると、「部屋特有の響きを吸い取ったほうが、ソフトに入っている本来の音だけを正確に聴き取れるのではないか」という反論をされる方もいらっしゃるが、それは部屋の影響を受けないヘッドフォン再生についていえることであって、スピーカーには当てはまらない。スピーカーの周囲に吸音性のものを置くのは、ヘッドフォンの振動板と鼓膜の間に吸音材を貼り付ける行為に似ていて、「ソフトに入っている本来の音」から著しく高域を奪ってしまうだけ。

　というわけで、筆者はスピーカー周辺にある吸音性のものを、まずはどかすことを推奨したい。そして、スピーカーの後ろに、反射・拡散のはたらきをするパネルを設置できればいうことなしだ。

　反射・拡散のためのオーディオ用パネルはいくつかのメーカーが製造して

いるが、効果の大きさ、コストパフォーマンスの高さ、豊富なノウハウなどから、サーロジック（長野県上田市真田町）のSVパネルをお薦めする。まずはフリーダイヤル（0120－400－173）を活用し、気軽に相談してみてはいかがだろう。各種条件が揃えば、村田研治社長自らお宅を訪問する無償ルームチューンも可能だ。（「レコード芸術」2012年8月号）

クレズマー・デュオ　ビロビジャン。左は、日本を代表するバウロン奏者トシバウロン

●●● インフラノイズの「リベラメンテ」ピンケーブル

ひと昔前、とあるマニアのお宅を訪ねたとき、こんな話が出た。

「僕は、購入したインシュレーターなどを無駄にすることがほとんどありません。どんな製品だって、必ず固有の音があるから、使ってみる前に、その製品を叩いて、固有の音をしっかり確認しておく。それらの組み合わせで、出したい音を作っていくんです。絵の具の色ごとに異なる効果を覚えておいて、それで絵を描くようなものですね」

そのときは半信半疑だった。しかしここ数年、この話がやけに説得力を増してきた。

例えば、とあるショップでは全く同じ回路、同じパーツのアンプを、異なる筐体で販売している。とりあえず、素材や形状・重さが異なる3機種を聴かせてもらったが、電気的には同じでも、音はまるで別物！

それどころか、中身も筐体も同じなのに、音はまるで違う機器を販売しているメーカーもある。内部に、木材や金属片が貼り付けてあって、どこにどれくらいのものを貼り付けるかで、音を理想に近づけるのだという。試聴してみると、オリジナルとの差は歴然！

制振ではなく、整振という言葉が使われるようになったのは、このあたりのノウハウを

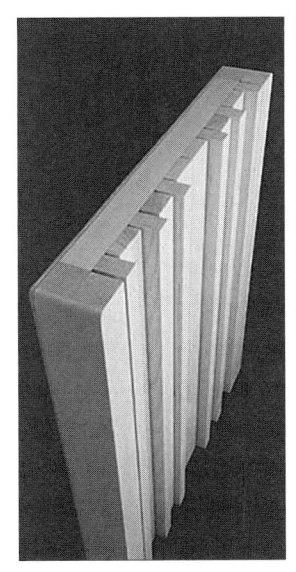

サーロジックのSVパネル
（出典：http://www.salogic.com/home.files/shop/shop5.htm）

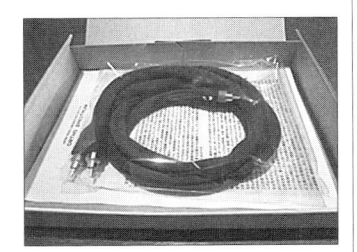

インフラノイズ「リベラメンテ」のピンケーブル
（出典：http://musicbird.jp/audio_column/p31/）

みんなが認めるようになったからだろう（ちなみに、整振のオリジネーターはコンバック木内和夫氏）。と同時に、チューニングという言葉も多用されるようになった。楽器を調律するかのように、オーディオ機器をすばらしい響きに導いていく。ブチルゴムなどをめったやたら貼りまくって、振動を吸収してしまえばいいなどという時代は、とうの昔に終わっているのだ。

今回紹介するインフラノイズというメーカーは、そのチューニングの最先端をいくメーカーのひとつ。数年前、USB−5という音楽専用USBメモリーを出したが、その頃すでに響きのいい木材を貼り付けて音をよくするノウハウをわがものにしていた。新製品リベラメンテは、その技術をさらに応用進化させ、数段上の世界を目指したピンケーブルなのだ。

プリ―パワー間をリベラメンテで結び、なじむのを待ってから音出し。これまで聴いていた音は水彩画。それがいきなり油彩画になったような変化だ。とにかく音色が濃く、味わい深い。抑揚も、よりダイナミックになる。CDをかけていても、雰囲気はSACDやアナログに極めて近い。

これまでさらっと聴き流していたフレーズのなかに、こまやかな弾き分けや感情表現が見つかるのもメリットのひとつ。間接音の密度が高く、ホールの特徴や聴衆の熱気がダイレクトに伝わってくるあたりもうれしい。そのせいもあって、すぐ演奏者の世界に引き込まれてしまう。

クラシック・ファンに推奨するケーブルとして、これ以上のものは考えられないほどのクオリティーを誇るが、購入後、万が一「自分が目指す音ではない」と感じられたら、ケーブルの向きを逆にして、もう一度聴いてみてほしい。かなりの高率でご満足いただけるはずだ。（「レコード芸術」2012年9月号）

●●● **Ge3のスピーカーケーブル「芋蔓DQ」**

1990年代半ば、江川三郎氏がお書きになったケーブル論を読み返していたら、アルミ線の話が出てきた。以下、要約を試みる。

高純度銅線が世の中に現れる前に、高純度のアルミ線が現れた。その素材をスピーカーケーブルとして使うと、歯切れ、分解能ともに優れている。しつこい私の願いに根負けして、アルミ材メーカーは5N純度の試作品を作ってくれた。そしてついに、6N純度のアルミ線まで世の中に現れることになった。その素材の音質は高く評価できるのだが、みなさまご承知のように、銅のようには簡単にハンダ付けができないため、工業的にもなじみにくい。また、コストを追求する世界にはとても入りづらいらしい。せっかく世の中に紹介したものの、結果として大きな活躍をしていないことが残念だ。（「オ

ーディオケーブル大全'97」「季刊オーディオアクセサリー」
12月特別増刊号、音元出版、1996年）

　なるほど。そんなことがあったのか。そんなにいいものなら、一度はアルミ線の音を聴いてみたいなあ。そんなことをぼんやり考えていたら、西宮市のオーディオ・メーカー Ge3（ジーイースリー）から、宅配便が届いた。「これは何ですか」と電話したら、「アルミの線材で作ったスピーカーケーブルの試作品です。日頃から付き合いのある素材業者が線材を試作し、それを試聴してみたところ、銅線にはない大きな可能性を感じた。その可能性を100パーセント引き出そうとして作ったのだ」という。こういう偶然を「渡りに舟」という。

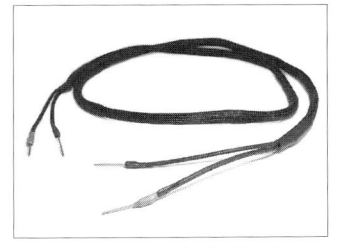

Ge3のスピーカーケーブル「芋蔓DQ」
（出典：http://audio.ge3.jp/modules/products/index.php?content_id=13）

　早速、スピーカーケーブルをその試作品と交換。宅配便が届いたとき、筆者はたまたまブラームスの『交響曲第4番』を聴いていたので、同じ曲を頭から聴き直したのだが、スピーカーケーブルだけの交換とは思えない音が出た！　プレーヤーやアンプを何ランクか上のものに買い換えたかのような違いだったのだ。そのとき書いたメモには「何となく雰囲気でもやっと聴かせていたところがちゃんと分離して聞こえます。ただし、「わざとらしい高解像度系」ではありません。ナチュラルな風合いを保ったまま、見え方だけが変わってくる。「奏者たちがより積極的になった」「スピーカーの振動板が軽くなった」、そういうストレスフリーな快感もかなりのもの。変化が大きいわりにいやみはない。基本線というか、テイストが変わったりはしないんです」とある。

　後日Ge3のウェブサイトを見ると、その試作品は「芋蔓（いもづる）DQ」という名で販売されている。DQはドラグクイーンの頭文字とのことだが、drug（薬物）とは何の関係もなく、drag queen（男性が女性の姿でおこなう、ロック的なパフォーマンスの一種）に由来するらしい。また、通常スピーカーケーブルは左右ワンペアで販売されることが多いが、「マルチ・チャンネル再生をおこなう方もいらっしゃる」ということで、1本ずつの販売となっている。ご不明な点は、Ge3に直接お問い合わせいただきたい。（「レコード芸術」2012年10月号）

●●● **制振金属M2052を応用したアナログ用アクセサリー**

　M2052という制振合金がある。マンガンをベースにしているからM。銅が20パーセント、ニッケルが5パーセント、鉄が2パーセント混じるから

2052。制振性能に優れ、加工が容易、極低温でも能力を発揮し、吸収できる周波数範囲が広い、限りなく非磁性であるなど、いいことずくめなので、十数年前からオーディオ分野でも応用され、インシュレーターなど様々な製品が世に出ている。

筆者がこのM2052を最初に体験したのは、「A&Vヴィレッジ」が提案した制振ネジだった。何せ高価な特殊金属だから、すべてのパーツをこれで作るわけにはいかない。だったら、これでネジを作って、機器の振動を止めれば、おそろしく効率の高い音質対策になるのではないか。

このネジが、たった1本でも絶大な効果を発揮したものだから、M2052は、「A&Vヴィレッジ」の読者中心に熱烈支持を受けるようになった。なかには、愛用機器すべてのネジを制振ネジに取り替えたというヘヴィ・ユーザーも現れた。しかし、過ぎたるはなお及ばざるがごとし？　やがて「音が暗くなる」「元気がなくなる」という声が聞こえるようになり、熱狂的ブームは終わった。

そのM2052をなぜいま再び取り上げるのか。それは、現在市販されているM2052が、10年前のそれと大きく違うことに最近気づいたからだ。

数カ月前、わが家にJさんという方がいらして、最後にアナログの音を聴いてもらってお開きにしようという流れになった。しかし、どういうわけか、そのアナログの音が最低だったのだ。Jさんは目を伏せ「アナログは聴かなかったことにしましょう」と言ってくれたが、そのままでいいわけがない。シンバルなど打楽器をたたいたあと、鈴のような付帯音がついてくるのを、何とか止めなければ。

そのときひらめいたのが制振合金M2052だったのだ。あの金属なら、この付帯音を止められるにちがいない。

そう確信した筆者は、セイシンエンジニアリングに、以下の製品を貸してほしいと申し出た。ターンテーブル用スタビライザー・シートADS－3005sp、アナログディスク用スタビライザー DS－5025TG、ヘッドシェル CS－1750G。

驚いた！　これらの併用で、付帯音は完全消滅。スクラッチ・ノイズも半減。どことなく浮ついていた気配が消え、どっしり構えた、安定感に満ちた音になった。音楽を聴くのに必要な情報だけが、正確に放出される印象。「音が暗くなる」「押さえ付けられて、元気がなくなる」という傾向は感じられない。資料を読むと、いわゆるクライオ（超低音）処理が功を奏したようだ。2カ月前「制振」から「整振」へという文章を書いたが、クライオ処理による物性改善も、整振に至る方法のひとつかもしれない。クライオ処理された

他の製品群も、試してみる必要がありそうだ。(「レコード芸術」2012年11月号)

●●● フェーズメーションの管球式フォノイコライザーアンプ

　フェーズメーションというブランドがある。以前はフェーズテックと称していたが、海外進出の際、普通名詞は駄目だということで改称(ナショナル→パナソニックと同じことだ)。

　国産オーディオ機器について「測定値はすばらしいが、音楽を聴くと魅力に欠ける」「多数決で音決めするから、どっちつかずの当たり障りのない音になってしまう」といった発言をする人がまだいらっしゃるが、フェーズメーションに関してそれらの言葉は当てはまらない。なぜか。誰よりも「音楽を愛する」という言葉がふさわしい鈴木信行会長がOKを出した製品だけが世に出るからだ(この人がどれほど音楽好きかは、同社ウェブサイト内「会長のコラム」をごらんいただきたい)。

　そんなフェーズメーションが、この秋、10周年記念モデルをいくつか発表。管球式フォノイコライザーアンプEA－1000は左右独立、さらには電源部まで独立させた3筐体だ。この製品を使って聴きなれたLPを再生すると、これまでただ単純に弾いているだけ、声を出しているだけと思っていたフレーズのなかに、微細な弾き分け・歌い分けが隠れていたことが判明。それもハイエンド・オーディオにありがちな「これ見よがし系高解像度」ではなく、音楽的なバランスを保ちながら、絶妙なさじ加減で聞こえてくるのだ。

アナログディスク用スタビライザー DS－5025TG
(出典:http://optimal-life.jp/shopdetail/002007000006/)

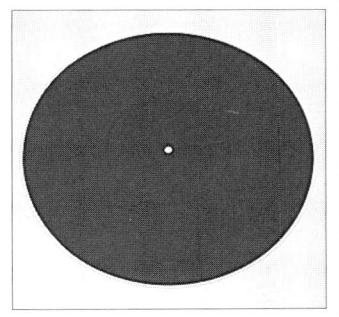

ターンテーブル用スタビライザー・シート ADS－3005sp
(出典:http://optimal-life.jp/shopdetail/002007000005/)

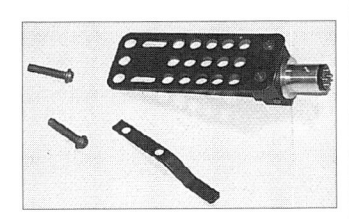

ヘッドシェルCS－1750G
(出典:http://www.seisin-eng.com/)

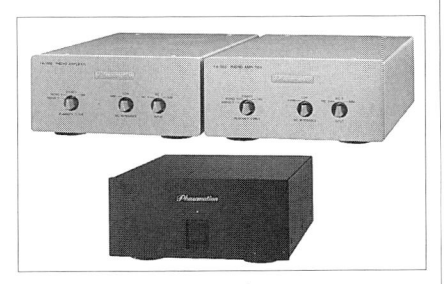

管球式フォノイコライザーアンプEA－1000
(出典:http://www.phasemation.jp/)

筆者はこの音を聴きながら、かつて江川三郎氏が、中級プリ・メインアンプを2台（それぞれ片チャンネルだけ）使ってステレオ再生していらしたことを思い出していた。左右独立というと、すぐ「音場が広がる」「定位がより明確になる」といったほうに話が傾きがちだが、中級プリ・メインアンプを2台使った再生は、そういった効果より、「音楽がよりダイナミックになる」「埋もれがちな表現が聴き取りやすくなる」効果のほうが大きかった。EA－1000の魅力も、まさにそれと通じる世界。

　このEA－1000を使って、筆者は同社製MC型カートリッジをいくつか聴き比べた。どれも音像がハッキリしていて、音の色数が多く、ダイナミックでありながら繊細な表現も得意とする秀作揃いだが、なかでも特に驚かされたのがモノラル盤専用カートリッジPP－Mono。アナログというと、どことなく頼りない、不安定な世界を想像される方もいらっしゃるようだが、PP－Monoはジャストフォーカスそのもの！　引き締まった音像が、ど真ん中から聴き手に迫る。音溝の横振動だけを拾うメリットがこんなにも大きいとは知らなかった。試しに、ステレオ用カートリッジでモノラル盤を再生してみるが、一度PP－Monoを経験してしまうと、もうそこには戻れない。なお、PP－Monoのすごみは、もっと安価なフォノイコライザーでも味わうことができる。「わが家のモノラル盤、最近聴いてないなあ」という読者に、強くお薦めしたい。（「レコード芸術」2012年12月号）

●●●　　　静―Shizuka―のケーブル用ノイズキャンセラー CNC20－200

　オーディオ機器に、振動は大敵だ。だから、技術者たちは何十年も前から「いかにして振動を抑えるか」に腐心してきた。しかし、この連載で幾度か取り上げたように「振動は、完全に抑え込めばそれですむ」といった単純なものではない。

　だったら、その逆をやってみよう！　当然そう考える人も出てくる。楽器のように美しく、かぐわしく鳴る箱で、最上のスピーカーを作ってやろうじゃないか。この考え方に基づく製品は国内外にいくつか存在するが、筆者が聴いたなかでの最高峰はキソアコースティックHB－1。高級ギターの製造で知られる高峰楽器とのコラボレーションによって生まれた逸品だ。ギターはもちろん、ヴァイオリンも、ピアノも、オーケストラも、声もまさに歌うがごとく再生してくれる。いや、オーナーのために演奏してくれるという言葉がよりふさわしい。

　静―Shizuka―は、このキソアコースティックが興したアクセサリーブランド。HB－1に投入した振動対策のノウハウ＋カーボンマイクロコイル

（CMC）などの効用によって、幾多のヒット作が生まれている。

今回ご紹介するCNC20－200は、ケーブル用ノイズキャンセラーだ。といっても、このなかを音楽信号が通るわけではない。この製品をのり巻きのように各種ケーブルの末端部に巻き付け、マジックテープで固定。それだけでも十分効くのだが、メーカーでは、アース線をつなぐよう勧めている（効果がより安定するとのこと）。筆者はスピーカーケーブルの末端に巻き付けたので、アース線は、スピーカー側の入力端子、マイナス側に接続。たったこれだけのことで、広範囲の電磁波を吸収し、熱変換して空中に放出してくれるのだという。

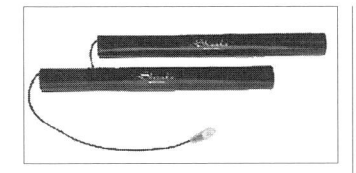

ケーブル用ノイズキャンセラー CNC20－200
（出典：http://www.kisoacoustic.co.jp/kiso_images/shizuka/cnc20-200.pdf）

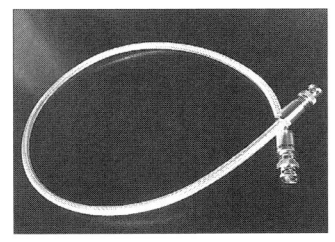

この状態で聴きなれたソフトを再生すると、まず静けさが増したことに驚かされる。よりノイズの少ないアンプに交換したり、デジタル機器のノイズ対策をしたりしたのちの変化に似ているといえば、おわかりいただけるだろうか。うるさい街中で、二重窓を閉め、そのうるささをシャットアウトしたときの変化にも似ている。

WAGNUSのデジタルケーブルeRuby Pro
（出典：http://wagnus.exblog.jp/19693858/）

そしてその結果、音楽情報がよりピュアに届くようになる。こういう言い方をすると、「やけに蒸留水的な音になってしまうのではないか」と危惧される方もいらっしゃるだろうが、そうではない。蒸留水的な音楽はさらにその純度を高め、こてこての音楽はさらにそのこくを増す。要するに「本来あるべき姿」に近づくのだ。

ごひいきアーティストのCDを買ったが、その人らしさがいっこうに聞こえてこない……。そんな哀しい経験がどなたにでもおありなのではないか。オーディオの問題点はケーブルや電磁波だけではないから、すべての人がこのアクセサリーだけでお悩み解消するとは限らないが、その核心に一歩近づくことだけは間違いない。（「レコード芸術」2013年1月号）

●●● **WAGNUSのデジタルケーブルeRuby Pro**

先日、友人からWAGNUS（ワグナス）というケーブルを紹介された。ケーブルで音が変わるのはもはや常識だが、音色傾向がコロコロ変わっては仕事にならないから、正直いって「もうケーブルは、いま持っているもので十分だ」と思っていた。

そのあたりのホンネが友人に伝わったのだろうか。彼は「この聴き比べだけはしてほしい」という。まずは世評の高いデジタルケーブルで、トランスポート（プレーヤー）とD／Aコンバーターの間を結ぶ。そして、彼が選んだ曲をかけると、ffがやけに歪みっぽい。
「どうしてこんな変な録音を、チェック用に選んだの?」
「それに対する答えはちょっとお預けにして、次にこっちのケーブルを聴いてみて」
　そういって彼がつなぎ替えたのがWAGNUSだった。そして、さっきと同じ曲をかけると、今度は少しも歪まない!
「な、何ですか!?　これは。どうしてこのケーブルだと歪まないの?」
「送り出されるデジタルデータを、ほぼ正確に伝えることができる、世界でも稀なケーブルだからですよ。ほかのケーブルは帯域的な、あるいは位相的な乱れを起こしやすいから、それが録音や機器のくせとバッティングして、音を濁らせてしまう。それが一切ないんです」
　そんな理想的なケーブルが本当に存在するのだろうか。筆者はWAGNUSに取材を申し込み、代表である久米春如さんから直接お話を聞くことができた。
　久米さんは元来ミュージシャンであり、クラブDJ、マスタリングエンジニアとしても現役。数年前自らのレーベルを起ち上げようとしたころ、ケーブルによる音質の違いに驚かされ、様々なケーブルを試聴したり、その製造法を研究したりするうち、ケーブル・ブランドも起ち上げるに至ったのだという。初期の製品は、もっぱらネットオークションで販売。徐々に愛用者が増え、自ら録音やPAの現場で試すうち、さらに改良されていったが、その音のよさに気づいた先輩エンジニアから「究極のクロックケーブルを作ってくれないか」と依頼され、今度はイチから線材を設計。
　本誌は技術専門誌ではないから、その詳細は省かせていただくが、結果的にそのクロックケーブルは大成功。しかし、クロックケーブルとして出荷できる本数など、たかが知れている。あとに残ったのは、大量の線材……。
　友人が筆者に聴かせたのは、この線材を応用したデジタルケーブルだったのだ。もちろん筆者はインタビューのあと、試聴用ケーブルを借りて、念入りな自宅試聴もおこなった。そして、「色付けのなさ」「情報伝達の十全さ」に関して、これ以上の製品はないのではないかという結論に達した。誤解がないよう書き添えておくが、色付けのないケーブルは、ソフトの音をより忠実に、取りこぼしなく伝達してくれる。けして無味乾燥な世界ではない。
　自宅試聴の申し込み、製品ラインナップ、購入法その他については、

WAGNUSで検索していただきたい。
(「レコード芸術」2013年2月号)

●●● インフラノイズのクロック・レシーバー CCV−5

　本書101ページで、インフラノイズのピンケーブル「リベラメンテ」を紹介した。同社製品はＤ／Ａコンバーター（以下、DACと略記）から各種ケーブルに至るまで、本誌読者に安心してお薦めできる。なぜなら、秋葉良彦社長が「超」が付くほどのクラシック音楽愛好家であり、彼が100パーセント認めたものしか世に出さないからだ。そのチェックは開発段階だけでなく、全製品におこなわれると聞く。

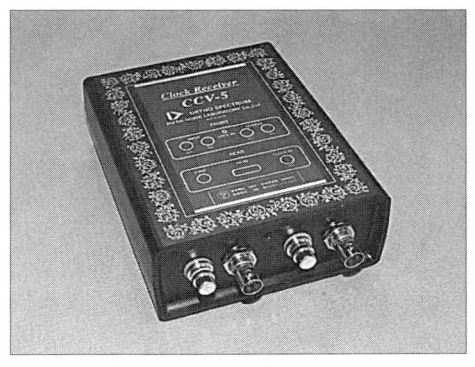

インフラノイズのクロック・レシーバー CCV−5
(出典：http://www.infranoise.net/)

　昨年2月号291ページでは、かの宇野功芳氏も、インフラノイズGPS−777を取り上げておられた。これは外部クロック装置と呼ばれるジャンルの製品だが、演奏時のメトロノームのようなものだとお考えいただきたい。

　CDは、1秒間を4.4万回に区切って、音をデジタルデータ化し、盤面に記録しているのだが、正確に記録するにも、再生するにも、時間軸の制御が極めて重要になる。たとえていうなら、子どもたちの行進をリードする教員の笛。リズム感の悪い教員が吹くと、たちまち隊列が乱れ、転倒する子まで出る。CDプレーヤーにはこの笛にあたるクロック（水晶発振器）が必ず搭載されているが、不況のさなか、高級パーツが使えるとは思えない。インフラノイズはそこに目をつけたのだ！

　本誌は技術誌でないからそれ以上の詳細は控えるが、宇野氏はGPS−777をスチューダーのCDプレーヤー（スイス製業務用機）に接続。飛躍的な音質改善に成功したのだが、同じことをやろうとすると、実はほとんどの方がお手上げになる。このGPS−777を接続するには、ワードシンクあるいはワードクロック入力などと呼ばれる端子が必要なのだが、9割方のCDプレーヤーにはそれが付いていないのだ。

　当然、インフラノイズには苦情がいく。「何とかしてくれ」「わかりました。何とかしましょう」ということで作られたのが、今回ご紹介するクロック・レシーバー CCV−5だ。

　ほとんどのCDプレーヤーに付いている同軸デジタル出力は、いわゆる外部DACに接続するためのものだが、この出力と外部DACの間に、このCCV

−5を挿入する。そして、GPS−777をCCV−5に接続することで、通過するデジタルデータの時間軸を正しく揃え直すことができる。

　実際どれくらい効くのか。まずはわが家にある最もいいかげんなプレーヤーで、チェック用CDを再生。案の定、聴くに堪えない音が出てきた。次に、背面の同軸デジタル出力を利用し、外部DACをつないでみる。多少はましになったが、元のプレーヤーがひどいから、根本的な改善にはならない。そこで、このプレーヤーと外部DACの間にCCV−5を挿入し、そこにGPS−777を接続。すると、鮮度、音像の描写力、間接音成分の密度などが格段に改善され、どのCDをかけても、満足できるレベルの音になった。これなら、評論家のリファレンス・プレーヤーとして十分使えそうだ。(「レコード芸術」2013年3月号)

■■■　　　　　　　　　　　　　　　　　　　　**イチカワテクノロジー　端子クリン**

　今月のテーマは、オーディオ・クリーニングのすすめだ。買ってきてつないだだけではいい音にならないのがオーディオの奥深さだが、苦労の末いい音が出ても、それを放置しておくと、またとんでもないことになってしまうのがオーディオというもの。

　「Stereo」は、昨年4月号で「これで完璧！　クリーニングの極意を伝授」という特集を組んだが、筆者はその実践篇を担当。何をしたのか、以下要約を試みる。

　CDレンズクリーナーを使って、まずはCDプレーヤーのピックアップをきれいにしたのち、①CDプレーヤーの出力側接点、②アンプの入力側接点、③アンプの出力側接点、④スピーカーの入力側接点(以上いずれも、端子とケーブルの先端両方)をまずはカラ拭き。そしてもちろん、どこかをきれいにするたび、「音質がどれくらい変わったか」をチェックし、メモを取りながら作業を進めていった。

　そのメモを読み返してみると、
○実況録音盤の会場ノイズが何倍にも増え、臨場感がまるで別物に。
○ヴァイオリン、ピアノにそれぞれきっちりフォーカスが来た。
○何となく丸まっていた音が、急峻に立ち上がるようになった。
○歌手が何を伝えようとしているかが、やっと伝わってきた。
○さっきまでギスギスしていた弦楽器から、うるおいとしなやかさが感じられるようになった。
○ただがさついていただけのしわがれ声(男性が歌う民謡)から、土臭さのようなものが感じ取れるようになった。

カラ拭きだけで、こんなにも違ってくるのだ。筆者たちはその後、①②をアルコール拭きし、さらには電源の接点に至るまで拭きまくったのだが、これらの効果がまたいっそう著しかった。詳しくはぜひ「Stereo」バックナンバーをお読みいただきたい。

しかし、その号でもふれたのだが、すべての接点を拭こうとすると、ベビー綿棒や超極細繊維を使ったクリーニングクロス（TORAYのトレシーなど）では限界がある。特にバランス（XLR）端子のメス側、電源ケーブルのメス側、コンセントなど、狭くて挟み込む力の強いところは、綿棒の綿だけがなかに残ってしまうという悲惨な事故も予想される。

そこで、何かもっといいものはないかと探していたら、イチカワテクノロジー（ブランド名OPSOLU）が、端子クリンという製品を出してくれた。材質は軟質PVC樹脂。それもわざわざ表面に細かい凸凹をつけ、汚れをこすり落としやすくしているのだという。実際自宅で試してみると、これまで使ったどのクリーニング製品よりも確実で簡単。安心して使用することができる。筆者は、25個入り標準セット（3,990円）を購入したが、初めての方には、7個入りお試しセット（1,000円）をお薦めする。（「レコード芸術」2013年4月号）

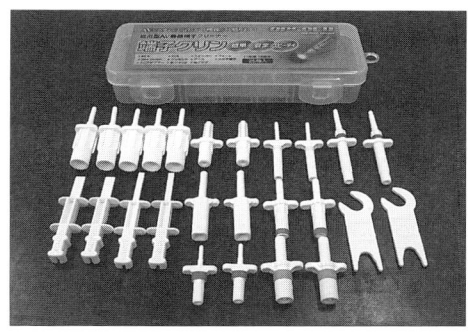

イチカワテクノロジー（ブランド名OPSOLU）端子クリン
(出典：http://oigawa-s.net/ikawatec/)

●●● デンテックのデジタルアンプ専用高周波フィルター RWC-1

2カ月前、デジタル音楽信号の時間軸を制御するクロックについて書いた。「体育教師のリズム感が悪いと、行進の笛が乱れ、子どもたちの隊列がガタガタになってしまう」というあのお話だ。だから優秀な外部クロック装置を使おうよと筆者は提唱しているのだが、広島市のショップ、サウンドデンは10年以上も前からこの問題に取り組んできた。

CDプレーヤー、D／Aコンバーター、AVアンプなど、デジタル音楽信号を扱う音響機器はすべてクロック

デンテックRWC-1は、アンプのスピーカー出力端子（バナナプラグ用の穴に差し込むだけ）

（水晶発振器）を搭載しているのだが、そこに最上の部品が使われることはまずない。そこで、もともと付いている安価なクロックを取り外し、海外製ハイエンド・クロックに交換。その「移植手術」で、音質改善を図ろうというのだ。

　サウンドデンは、この「移植手術」を数限りなく手がけるうち、デジタルに関する様々なノウハウをゲット。近年はショップオリジナル（DENTECブランド）のデジタルアンプを製造・販売し、好評を博すようになった。

　超低音処理を施した高純度銀の内部配線材、振動対策のノウハウに満ちた筐体（全く同じ回路でも、どんなケースに収めるかで、音質は別物となる）など、このデジタルアンプについては語りたいことだらけなのだが、連載の本題からはずれるので、先を急ぐ。

　このような経緯があって、サウンドデン周辺では、このDENTECアンプに乗り換える音楽愛好家が増加中。これまで管球式アンプ一筋だった人まで、「これは管球式よりも、私の理想に近い」といって買い換えを決めるのだという。

　今回紹介するアクセサリーは、そういったデジタルアンプへの買い換えを、今後さらに強く後押しするであろう高周波カットフィルター。

　サウンドデンのサイトには「高周波ノイズを出すデジタルであるがゆえに必要悪ともいえるフィルター回路ですが、超高級機であっても高周波特性に問題のあるフイルムコンデンサーを採用している物が多く、無誘導巻でないにもかかわらず方向管理さえされていないアンプが大半です」とある。要するに、本来デジタルアンプのなかで処理しなければいけない高周波ノイズを、ほとんどのアンプは内部処理できず、外へ放出している。それを吸い取って無害にしてくれる製品なのだ。

　本体からのびるケーブルの先端にはバナナプラグが付いているので、これをデジタルアンプのスピーカー出力に差し込むだけ。Yラグなど別の末端処理が望ましいという方は、電話で相談してみよう。柔軟に対応してくれるはずだ。

　もちろん、デジタルアンプであれば、DENTECブランド以外にも使用可能。筆者宅のデジタルアンプはたいそう素性のいい製品だが、わずかに高周波ノイズが残るのか、高域の濁りと刺激感がどうしても気になる。

　そこでこの高周波カットフィルターRWC−1を使うと、その濁りと刺激感だけが消え、質感ががぜんアナログ的になる。注意事項は、「デジタルアンプ以外の製品には使わない」「接続後数日間は慣らし運転が必要」、この2つだ。（「レコード芸術」2013年5月号）

オーディオ用電源工事

　年始めに、とあるオーディオ仲間のお宅を訪ねた。特にオーディオ用に建てた家ではないし、機器もとりたてて高価ではない。しかし、出てくる音は筆者がこれまでに聴いたお宅のなかで五指に入るクオリティー。それがなぜか詳しく語りだすとキリがないのだが、要因のひとつが電源事情であることは間違いない。

　リスニングルームの窓をあけても、見えるのは野原と林だけ。それくらいのどかな山のなかなのだ。だから、電柱はお宅の近くに立っていて、そこに載っかったトランスからの電流は、最短距離で彼の家にだけ供給される。オーディオ用語でいう「マイ柱（電柱のトランスを1軒で独占するという、オーディオ愛好家の夢）」を、やっかいな交渉ごとも、特別料金もなしに実現しているというわけだ。

　というわけで、彼の家のコンセントには、隣家のパソコン、エアコン、冷蔵庫からのノイズが侵入してこない。よく「音楽鑑賞は、深夜に限る」という方がいらっしゃるが、深夜になると近隣ビルのコンピュータなどが止まり、電源に載っかってくるノイズが減るから、よりいい音で音楽にひたれる。そういう理想に近い電源を、365日24時間確保できるのが、「マイ柱」なのだ。

　ただこの「マイ柱」、個人が電力会社に申し込んだとしても、まず認可されない。では、どうすればいいか。これまでに「マイ柱」がらみの工事をどこよりも多く手がけている電気工事店に相談すればいいのだ。今回ご紹介する出水電器（東京都大田区西蒲田）は「どうやって申請すれば、許可されるのか」、そのあたりのノウハウを知り尽くしている。

　しかし、こんな大がかりなことは、誰にでも薦められることではない。筆者だってマンション住まいなので「マイ柱」だけは断念。そういう人はどうすればいいのか。次善の策として、オーディオ用電源工事をしてもらえばいいのだ。

　各家庭には必ず分電盤というものがあって、柱上トランスから供給される電流はまずそこを通る。通常は、その分電盤で複数のコンセントに向け電流をパラレルに割り振っていくわけだが、そうやって分岐する手前（メインブレーカー直後）に、オーディオ用のコンセントを特設してしまおうというのが、オーディオ用電源工事の基本だ。要するに、家庭内の他のコンセントと平等に扱うのではなく、オーディオ用コンセントだけを特別扱いして、よりきれいな上流から取ろうという発想。

　4月末、筆者が仕切るオーディオイベント（マックトン十番勝負その3）で、出

第8章●オーディオ・アクセサリー

水電器によって特設されたコンセントと通常コンセントの聴き比べをおこなったが、音色の多彩さ、ガッツ、余韻の長さ、ヴィブラートの繊細さなど、様々なところで特設コンセントの圧倒的優位性を確認することができた。機器を買い換えて目先を変えるより、いまそこにある機器が100パーセント力を発揮できる環境を作ってやる。いまこそ、この発想が大切なのではないだろうか。(「レコード芸術」2013年6月号)

●●● ソーラーパネル・オーディオのすすめ

　オーディオ愛好家には様々な流派が存在するが、近年特に気になるのはソーラー・グループ。太陽光発電用ソーラーパネルを使って自家発電をおこない、それでオーディオ機器を駆動している方々のことだ。

　こういう書き方をすると、「ああ、屋根の上にソーラーパネルを取り付けている人たちのことね」と早合点される方がいらっしゃるかもしれない。確かに、再生可能エネルギーはちょっとしたブームだ。余剰電力は電力会社が買い取ってくれるし、設置に公的な補助金も出る。ただ、残念なことに、これを実践している人たちから、「これのおかげで音がよくなった」という話はあまり聞こえてこない。せっかく太陽光発電しても、それを100ボルトの交流に直す段階で、何らかの問題が発生するようだ。

　だから、筆者の友人たち（ソーラー・グループ）は、わざわざソーラーパネルを屋根の上に載せたりしない。それを、オーディオルーム直近のひなたに並べておくだけ。そして100ボルトの交流に直さず、直流のままオーディオ機器を駆動するのだ。世の中には乾電池で動かすオーディオ機器が多数存在するし、ACアダプターで動かす機器はもっと多い。そういう機器を選べば、ソーラーパネル直結で、音楽を聴くことは十分可能。

　先日訪問したYさんのお宅では、CDプレーヤーの代わりに、SDカード・トランスポート（QLS－AUDIO QA550）が使われていた。CDのデジタルデータをパソコンでリッピングし、SDカードに収めたのち、このトランスポートを使って再生。CDプレーヤーによるリアルタイム再生より、デジタルデータの読み取りが正確になる分、音質の向上が期待される。YさんはこのトランスポートからのデジタルD出力をポータブルD／Aコンバーター（以下、DACと略記）でアナログ変換。増幅は姉妹誌「Stereo」昨年1月号に付いてきたおまけデジタルアンプ（ラックスマンLXA－OT1）でおこなう。

　写真に、3種のパネルが映っているが、これはトランスポート、DAC、アンプを駆動するのに必要な電圧がそれぞれ異なるから、それに合ったパネルを使っているということ（大きいほうから18ボルト、9ボルト、5ボルト）。ちな

みに、いちばん大きな18ボルト用でも5,000円で購入可。

その結果、どんな音が出てくるのか。筆者は職業柄、古今東西の名機を日夜チェックしているが、あれほど清らかで澄みきった音は聴いたことがない。このうえなく軽やかかつしなやかで、微細なニュアンスにあふれ、機械臭さのかけらも感じさせない音。その静寂感は「高貴」という言葉がふさわしい。念のため、乾電池との比較もさせてもらったが、多くの仲間たちが「理想に近い」と絶賛する乾電池駆動の世界をも一蹴。あまりのすばらしさに、約1週間、自宅リファレンス・システムの電源を入れる気になれなかったほどだ。(「レコード芸術」2013年7月号)

ソーラーパネルでオーディオ機器を駆動する。そこには信じられないほどピュアで繊細な世界が

●●● A&R Labの定電圧電源PS−12

あなたは出川式電源をご存じだろうか。筆者はこの言葉を、2007年初秋、初めて意識した。きっかけは、2カ月前「電源工事」の記事で取り上げた出水電器。当時出水電器はALLIONというアンプブランドを起ち上げたばかりで、「音によさそうなことは、とりあえず何でも試してみる」という実験の真っ最中だったが、出川式電源に関しては、試聴後即採用を決定したのだという。

その次に強く意識したのは、一昨年、とある友人のお宅を訪ねたとき。彼は、オーディオ愛好家あこがれのハイエンド・スピーカーを、プリ・メインアンプでさり気なく鳴らしていた。「え？　このアンプで鳴らせるの？」と筆者は首をひねったが、出てきた音は筆者がこれまで体験したなかで、五指に入る美音!!　彼に尋ねると、SACD／CDプレーヤーとプリ・メインアンプの電源を、それぞれ出川式に改造してあるのだという。

この2つの体験を通し、筆者は「出川式電源というのはどうやら無視できない存在らしい」と確信。その秘密を探るべく、神奈川県鶴巻温泉にあるA&R Labを訪ね、その効果を改めて確認したのち、発明者・出川三郎氏からお話をうかがった。

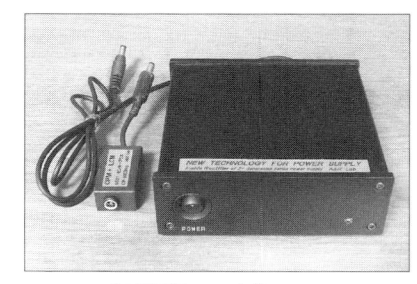

A&R Labの定電圧電源ACアダプター PS-12

第8章 ● オーディオ・アクセサリー

「20世紀初頭、もちろんまだ真空管しかない時代に、コンデンサーインプット回路が開発されました。この回路は、サイクルごとに2回、約10パーセント電流が欠落してしまうという困った代物なのですが、その欠落がオシロスコープで見えないために、100年以上も使われ続けている。だから、その電流で駆動されるオーディオ機器は、その10パーセント欠落の瞬間、90パーセントの力しか発揮できないのです。それだけならまだしも、コンデンサーインプット回路はノイズを発生し、アンプはそのノイズをも増幅してしまう。そのため、私たちは、自然界にある音とは全く別の音を聴かされることになる。2本のスピーカーのど真ん中で聴かないと、自然な音場にならないというのも、実はこれが原因なのです。出川式電源は、この2つの問題点に根本からメスを入れています」

なるほど。ということは、交流100ボルトで駆動している機器はすべて出川式に改造したほうがいいということか。しかし、やけに高価なプレーヤーやアンプを改造してもらうのはどこか不安という読者もいらっしゃるだろう。そんな方に気軽に試していただけるのが、出川式定電圧電源ACアダプターだ。

PS-05、PS-12、PS-15、PS-24と4機種（いずれも5万5,800円）が用意されていて、型番は供給する直流の電圧。いま使っているACアダプターをはずして、この定電圧電源AVアダプターに挿し替えるだけで、S／N比感、質感が改善し、音階がより明瞭になり、音場が広がり、定位がより確かなものになる。自宅試聴や適合するプラグのご相談は、A&R Labに直接お問い合わせいただきたい。もちろん機器改造のご相談もOKだ。（「レコード芸術」2013年8月号）

●●● シンプル・イズ・ベストの「常識」をくつがえす相島技研パワーエクストラ

一方のコイルに交流電流を流し、そこで発生した磁界を受け、もう一方のコイルがそれを再び電流に変換する。それがトランス。何でそんな面倒臭いことをするのか、そのまま流してやればいいじゃないかと思われるだろうが、このトランスを介することで、

①電圧を上げたり下げたりできる
②出力インピーダンスと、入力インピーダンスを合わせることができる
③混入したノイズをカットできる

など様々なメリットが生じる。発電所と一般家庭の間には変電所が介在するが、これは①の応用（もしこれがないと、送電ロスがおそろしく大きなものになってしまう）。また、管球式アンプのスピーカー出力には端子が何種類も付いてい

て、接続するスピーカーによってそれを選ぶ。これは②の応用。③に関しては例が多すぎて、何から紹介していいか迷うほど。家庭用100ボルトの交流電源を浄化したり、LANケーブル、USBケーブルを通ってやってくる音楽信号を浄化したり、果てはS／PDIF（CDプレーヤーの背面に付いているデジタル出力など）やヘッドフォン出力を浄化する製品までが現れ、しかもそれらがいずれも圧倒的な音質改善度を誇る。

　要するに、いまはちょっとしたトランス・リバイバルブームなのだ。

　しかし、いまほどブームになる前から、トランスの効用を説いてきた技術者がいらっしゃる。相島技研代表・相島彰徳さんだ。彼は（筆者が知る限り）1990年代半ばから、トランスの様々な効用を説いてきた。技術誌ではないから詳細は端折るが、それをもとに作

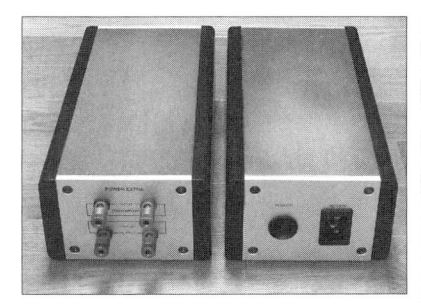

相島技研パワーエクストラ
（出典：http://www5b.biglobe.ne.jp/~a-ag/）

相島技研研究室。音の入り口から出口まで、徹底した見直しと対策がおこなわれている

られたのが今回ご紹介するパワーエクストラなのだ。この製品は、アンプとスピーカーをつなぐケーブルのスピーカー側に接続する。そうすると、
○それまで言うことを聞いてくれなかった頑固なスピーカーが、のびのびと鳴りだし
○デジタル臭さ・機械臭さが消え、より自然でアナログ的な音になり
○中低域から低域が濃密になり（コントラバス、大太鼓、オルガン好きには特にお薦め）
○演奏そのものまでが、より自由闊達・天衣無縫に聞こえ
○音楽にどっぷりひたれるようになる

　アンプからの出力をパワーエクストラのなかのトランスで受け、それをさらに内蔵アンプ経由で出力しているだけなのだが、これが予想をはるかに超えて効くのだ。

　実は筆者はここ数年間パワーエクストラを眠らせていたのだが、先月自宅システムの致命的欠陥に気づき、久方ぶりにこれを復帰させたところ、その

問題点がすべて解消された！

　詳しくは電話やメールで相島技研に直接問い合わせていただきたい。現在パワーエクストラにはシリコン・モデルとゲルマニウム・モデルがあり、いずれも1台12万6,000円（ステレオの場合、2台が必要）。首都圏の方は相島技研で試聴が可能。送料さえ負担すれば、ご自宅試聴も可能だ。（「レコード芸術」2013年9月号）

◼︎◼︎◼︎　　　　　　　　　　　　　　　　　　　アコースティックリヴァイブRR−777

　この連載を通して何度も語ってきたつもりだが、どんなアンプを使うか、どんなスピーカーを使うかは、実はあまり重要ではない。筆者の周辺には、買い換えの早いオーディオ愛好家が何人もいるが、買い換えのたび「えっ!?　前とあまり変わってないんじゃない？」と失礼な反応を繰り返してしまう（もちろん、筆者も買い換えのたび、彼らからそう言われる）。これはなぜかというと、まずは「部屋の影響が、みんなの常識をはるかに超えて大きいから」。同じ床、同じ壁、同じ天井で、同じ縦横高さ比の部屋に、何を持ってきても、実は大して変わらないのだ。

　だから筆者は部屋の響きを変えようと、反射拡散パネルの導入を提案し（2012年8月号）、部屋のS／N比をよくしようと、インナーサッシの採用も提案してきた（2012年6月号）。

　しかし、いくら機器を買い換えても、音の傾向がさして変わらない原因はそれだけではない。何を買っても、セッティングやアクセサリーの使いこなしで、最終的には同じような音に調整してしまう。意識していないのに、そうしてしまう方が実に多い。

　1年ほど前、友人J氏がわが家を訪ねたとき、ふと何かの気配を察し、「なんじゃこりゃ」という顔をした。「どうかした？」と訊いたら、「あちらにあるのは何ですか？」とCDラック（ほぼ天井近くまで）の上を指す。

　そこに置いてあるのはアコースティックリヴァイブRR−7というオーディオ・アクセサリー（もう12年も使っている。現行機種はRR−777）。アコースティックリヴァイブのサイトには「シューマン共鳴波とは、地球が地表と電離層との間に発生させている7.83Hzの共鳴波のことで、1954年、ドイツの物理学者W.O.シューマン博士によって発見されました。この現象は地球が誕生したころから続いている、いわば「地球の呼吸」とも呼べる現象で、研究によれば脳に非常にいい作用があるといわれています」とあって、現在乱れがちになっているその7.83Hzを発することによって、音質改善を図るのだという。

「村井さん。この機械のON／OFFは、簡単にできますか」とJ氏が言うから、ACアダプターの抜き差しをしてみる。

「スピーカーからわざわざ音を出す必要なんかありませんね。僕らの話し声がこんなにも変わってしまう。不思議なことに、スイッチONのほうが自然です」

日頃既製アクセサリー類に懐疑的な彼も、その効果にはびっくり。スイッチONで、スピーカーの音もよりナチュラルになり、デジタル臭さも減少。陰翳が増し、音色も濃くなる。楽器をより高価なものに持ちかえたようにも聞こえる。暗騒音などが「ただ聞こえる」から「何の音かわかる」に変わる。

「村井さんちの音は、案外これが支配しているのかもしれませんね」

そう言われて、ドキッとした。そして、筆者はあの日以来、ときどきRR－7をハイテククロスで磨いてあげるようになった。そうか、これがわが家の主なのか。(「レコード芸術」2013年10月号)

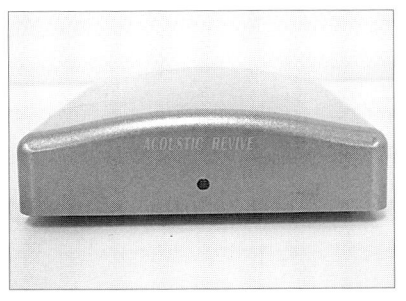

アコースティックリヴァイブRR－777
（出典：http://www.acoustic-revive.com/japanese/roomtuning/rr-77.html）

●●● **長谷弘工業のCDプレーヤー用インシュレーター「ティラミス」**

新潟県三条市に、長谷弘工業というオーディオ・メーカーがある。20年ほど前、コンクリートと木材を組み合わせたハイブリッド構造のバックロードホーン（メガホンのようなものをユニットの後ろに付けて、背面から出る音を有効活用するスピーカー）を発売し、「なるほど。こうやって異なる素材を組み合わせることで、互いのくせを相殺し、いいとこ取りをねらうのか」と感心させられた。

それから数年、長谷弘工業は「板を重ねて作るバックロードホーン自作キット」を作るようになった。8センチユニットを使うときは4枚、10センチユニットを使うときは5枚、12センチユニットを使うときは6枚の板を横に重ね、専用ネジで強固に連結。それだけで理想的なホーンができあがる（最大で20センチユニットまで対応可能）。

これが、驚くほど売れた。手軽だから、割安感に満ちているからというのももちろんだが、みんなが想像するより音がいいから売れるのだと筆者は考え

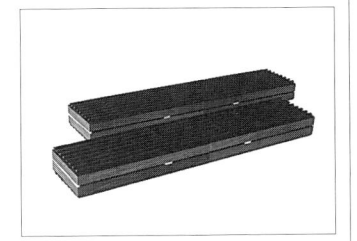

長谷弘工業のCDプレーヤー用インシュレーター「ティラミス」
（出典：http://www.hasehiro.co.jp/product/tiramisu-top.html）

る。バックロードホーン自体は昔からある構造なのだけれど、「じゃじゃ馬サウンド」という印象は拭いがたかった。「勢いはいいのだけれど、いささか品がない」「これでクラシックを聴くのは、ちょっとつらい」。しかし、長谷弘工業の「板を重ねて作るバックロードホーン自作キット」には、そういう傾向がまるでない。活きがよく、高能率であるというバックロードホーンのメリットだけを享受できる稀有な製品。これの大ヒットを受け、長谷弘工業は完成品も作るようになり、カー用、卓上用、アクリル製スケルトンタイプなども発売された。

そんな長谷弘工業が近年完成させたインシュレーターが「ティラミス」だ。オーディオ機器とは厄介なもので、そのまま置いただけでは、本来の力を発揮できない。床やラックの上に、まずはインシュレーターを置き、その上に機器を設置する。しかし、このインシュレーターがまたくせ者で、金属製のものには金属質な付帯音がつきまとい、木製のものには木質な付帯音がつきまとう。薬の副作用のようなものといえば、おわかりいただけるだろうか。そこで近年は、異なる素材を組み合わせたハイブリッド・タイプが主流になっているのだが、20年以上前からハイブリッドに取り組んできた長谷弘工業が、そのノウハウをインシュレーターに全力投入。その結果生まれたのが「ティラミス」なのだ。

構造は、高級桐材をエムモク（10年から20年乾燥させた貴重な銘木）とウェーブシート（ポリエステル製三次元縫製ハイテク素材）でサンドした5層構造（Lタイプ）。これをCDプレーヤーなどの下（脚を避けて、底板の下）に敷くことで、高域の刺激感、デジタル臭さなどが消え、演奏の表情がより豊かになる。先日、とあるイベントで、ネットワーク・プレーヤー（スフォルツァートDSP−03）にも試したが、同様の効果を確認することができた。5日間のご自宅試聴が可能なので、ぜひお試しいただきたい。（「レコード芸術」2013年11月号）

●●● インフラノイズのスピーカーケーブル「スピーカーリベラメンテ」

インフラノイズ製品（ブランド名オルソスペクトラム）を紹介するのは、これで3度目だ。本書101ページでリベラメンテというピンケーブルを、109ページでCCV−5というクロック・レシーバーを紹介した。

インフラノイズ製品は、すべて秋葉良彦という人が手掛けている。ほかの方の手がかかっている製品が混じるかもしれないが、その場合も最終的な音のまとめなどは秋葉氏が決めているはずだ。なぜそう思うかというと、一度彼のお宅を訪ね、彼が出している音を聴いているからだ。

そこに置かれていた機器は、よほどのオーディオ愛好家でないと知らない

ヴィンテージ機器中心で（随所にインフラノイズ製品が挿入されてはいたが）、いかにも古臭い、ノスタルジックな音が出てくるだろうと思われた。しかし、実際出てきた音は、恐ろしく新鮮かつ濃厚・濃密で、音楽の抑揚が大きかった。インフラノイズ製品は、その味付けをしているのではなく、居並ぶヴィンテージ機器たちが各自の持つ能力を発揮しやすいように環境を整えてあげている、後押しをしてやっているように感じられた。

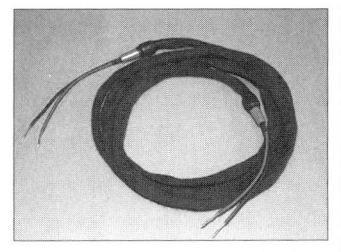

インフラノイズのスピーカーケーブル「スピーカーリベラメンテ」
（出典：http://www.infranoise.net/）

　あれから何年もたつが、あの日聴いた音の印象は少しも薄れることがない。いや、それどころか次第にハッキリしてくるような気がする。ここ数年間に発売されたインフラノイズ製品すべてが、「あの日聴いた音」の要素をわが家に少しずつ運んできてくれるからだ。それがD／Aコンバーターだろうと、クロックジェネレーターだろうと、各種ケーブルだろうと、目指す方向は変わらない。このブレのなさは、「驚異的」などという言葉ではとても表せない。だから、全製品の音決めを秋葉氏がおこなっていると言い切れるのだ。

　しかし、それほどブレのない製品群をひとつのシステムにどんどん投入していったら、ふつうはその個性が過剰になって、とても聴いていられない音になる。インフラノイズ製品にそれが起こらないのは、「適当に味を付けて、その味付けで音がよくなったと思わせるレベルの製品」でない証拠だ。機器との相性や音楽ジャンルとの相性が問題にされないのも、同じことだろう。

　リベラメンテ・シリーズの大トリとしてスピーカーリベラメンテが登場したとき、仲間たちの多くは「俺が何十年間も苦労して、それでも出せなかった音が出た」といってうれしそうにくやしがった。「何を大げさなことを」と筆者は思っていたが、実際自宅で聴いてみると、自分も大笑いするしかなかった。

　当日のメモには、「よりスケールが大きく、より音離れがよく、より情報量が多く、より軽やかでナチュラルな音が飛び出してきた」「単にスピーカーを替えたとかアンプを替えたとかを超えて、音が出てくる仕組みが変わったかのような変化」「これまでスピーカーを何かが不自由にしていて、その呪縛が一気に解けたかのよう」といった言葉がおどる。

　「どうしたって思いどおりの音が出ない。こんなスピーカー、もう買い換えよう」とお思いの方に、ぜひお試しいただきたい。（「レコード芸術」2013年12月号）

●●● REQSTのレゾナンス・チップ・コネクト

　レゾナンス・チップという名のロングセラー・アクセサリーがある。5ミリ径の粘着性ゴムの上に、8ミリ径の硬い素材を載せるのが基本形。15年ほど前に作られた初代はアルミ製チップだったが、その後、様々な処理を加え、特殊な焼き物も使われるようになって、今日に至る。

　これを、オーディオ機器に貼り付けると、不要振動が伝わってきて、ゴムからチップへと伝わっていく。そうすると足元（ゴム）がぶよぶよしているから、チップが揺れる。その運動によって、振動は熱に変わり、ほどよく処理される。しかし、世の中にはこの原理を疑う人もいて、「そんなバカな。たかが数ミリ径のチップが揺れるくらいで、オーディオ機器の不要振動をすべて吸収できるわけがない」と論争のネタになったものだ。筆者も様々な実験を試みたが、なるほど確かにすべての振動を吸収するのは無理。だから「すべての振動を吸収しなくては」と考える人たちは、大量の制振材を貼り付けたり、機器を砂のなかに埋めたりするのだが、そうやって徹底的に処理されたシステムの音を聴くと、いかにも死んだ音（覇気や艶のない音）になっていたり、代わりに余計なくせ（砂などが持つ特有の響き）が付いてきたりすることが多かった。

　どうやらオーディオ機器の不要振動は、すべて吸収しようと欲張るより、ほどよく処理したり、その向きを変化させたりしたほうがうまくいきそう。筆者はそのように実感している。

　同じようなことを感じた人が多かったからだろう。レゾナンス・チップは驚異的な売り上げを記録し、この15年間に様々な派生商品を生んだ（とても書ききれないので、REQSTのサイトをごらんいただきたい）。

　昨秋発売されたレゾナンス・チップ・コネクト（細長い小判型?）は、コネクター（接続部）専用のレゾナンス・チップだ。各種ケーブルのプラグやターミナルに貼る。そうするとコネクターの不確かさ（ぐらぐら揺れる、簡単に抜ける）から生じる不要振動を巧みにコントロールして、あたかもそこにコネクターがなくなったかのような理想的な導通が実現するのだという。

　「そんなバカな」と思って試し始めたが、アナログ用ピンケーブルの両端プラグに貼ると、それまでやけににじみがちで、音像がボケボケだったCDでも、きっちりピントが合うようになった。スピーカーケーブルのターミナル（アンプ側とスピーカー側両方）に貼ると、Dレンジが拡大し、躍動感も増した。さっきまで「狭いワクを自分でこしらえて、そのなかで適当に演奏しているな」と思っていたCDが、そのワクを乗り越えて自由闊達に演奏していたの

だということに初めて気づかされた。電源ケーブルの両端プラグに貼ると、生々しさやエネルギー感がさらに向上！　小音量再生でも、十分のれるようになった。

　付帯音で味付けをするタイプの製品ではないから、機器やケーブルの音を変えてしまうこともない。いや、何より気に入ったのは、貼り方や貼る場所に「特別なこつ」がいらないところだ。（「レコード芸術」2014年1月号）

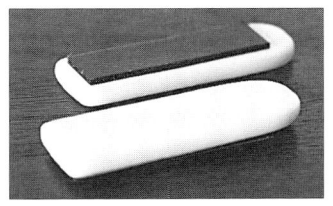

REQSTのレゾナンス・チップ・コネクト
(出典：http://www.reqst.com/rccn.html)

● 第9章

それでも、選び方を教えてというあなたのために

　何度も書くが、筆者は「あれを買うのがいいですよ」とあまり薦めたくない人間だ。それがその人にとってベストかどうか誰もわからないし、仮にチョイスに失敗したとしても、それがかえって本人を成長させることもある。いや、ひょっとすると何を買っても「本当の失敗」なんかないのではないか。最終的に、うまくバランスをとって、その機器が気持ちよく鳴るよう調整してあげればいいだけの話。その参考になればと、第8章ではアクセサリー記事を載せた。

　しかし、「こんなことを書けば書くほど不安になる」という方もなかにはいらっしゃるだろう。そこで、過去に書いた記事のなかで、少しでも選び方の参考になりそうな文章をここに再録する。

●●●　　　　　　　　　　　　　　　　　　エントリークラスをなめるんじゃねぇ
　失われた20年。ネガティヴなイメージで使われることの多い言葉だが、筆者はそのありがたみを日々嚙みしめている。

　その典型を1つあげよといわれたら、いわゆるファミリーレストランのクオリティーが著しく向上したこと。20年前はお金をあげるからといわれても口にしたくなかったのに、いまでは抵抗感なく食べられるようになった。きっと見えないところで、血のにじむような企業内努力がおこなわれたのだろう。それに類したこととしては、ファストフードのコーヒーがおいしくなったこと、日本旅館の食事が準料亭レベルに達したことなどもあげられる。

　所得が減って、消費者の財布のひもが固くなり、生半可なものではお金を出していただけなくなったから、生産者側が尋常でない苦労をするようになった。おかげで、あらゆる分野のCP比が著しく向上。もちろん過当競争のマイナス面もあるが、いち庶民としては、ありがたみを感じる方がいくらか多い。

　この傾向は、もちろんオーディオ界にも当てはまる。いま、20年前のオーディオ誌を何冊かめくってみたのだが、まさに浦島太郎。「そういえば、こんなメーカーがあったのだな」「このころは、こういうことをまじめに提唱していたのか」「将来こうなるという予想を当てることは至難のワザ」と様々な思いに駆られるが、最もうならされたのは、当時といまではエントリ

ークラスの存在感がまるで異なることだ。

　筆者自身は、1970年夏から「Stereo」を読んでいるが、当時からバブル期に至るまで、「オーディオは、より上位の機種に買い換えていくのが当たり前」だった。いや、それはオーディオに限らず、すべての趣味に共通すること。だからこそ「いつかはクラウン」などというCMが当たり前のように流れ、みんながその流れに乗った（趣味の世界を超え、住宅などもそうする人がかなりいた）。月給は毎年上がって当たり前、株価も上がって当たり前、親の世代より子の世代のほうが豊かになって当たり前。そういう右肩上がりの時代だったから、すべての世界にエントリークラスがあり、ハイエンドがあった。その階段をのぼることを励みにして、みな過酷な残業に耐え、休日も接待ゴルフでくたくたになっていたのだ。

　そんな時代に、エントリークラスは、あくまでアッパークラスへの踏み台でしかなかった。まさかわざとそうしていたとは思わないが、CP比が高すぎるエントリークラスは、その秩序を乱す。

　1990年1月、筆者は何年かぶりに、エントリークラスのプリ・メインアンプとスピーカーを購入。いずれも全誌絶賛の「超ハイCP比機種」という評価だったが、実際つないでみると「こんな程度か!?」。えらくがっかりしたことを思い出す。しかしまあ、だから高級機への買い換えに移行できたわけで、あれで満足していたら、上級者にも、ライターにもなれなかっただろう。そう、あのとき買ったプリ・メインアンプとスピーカーはまさに踏み台になってくれたのだ。

　しかし、それから20年以上の時が経過し、月給も株価も上がらず、若者はなかなか正社員になれず、親の生活を上回るどころか、親にパラサイトする時代になった。こんな時代に、踏み台でしかないエントリークラスを作っていたら、誰も買ってくれない。踏み台はもういらない時代なのだ。「ひょっとすると、これが最後の買い物。壊れるまで一生使い続けたい」。そう思って買う人のほうが、圧倒的に多数派かもしれないから。

　先ほど、20年前のオーディオ誌にふれたが、あのころ脚光を浴びていたのに、いつの間にか消えてしまったメーカーは、こういった新時代のエントリークラスを作ることができなかったのではないか。

　今月も何十という製品を聴かせていただいたが、そのたたずまいを見ているだけで、何かうれしいものを感じた。「そうか、おまえも生き残れたか」「あれっ、おまえんちは一時期危なかったんじゃなかったっけ。よく立ち直ったね」「こんな時代にデビューするなんてすごい！」。そんな声を一台一台にかけた。現在店頭に並んでいる製品たちは、みな「失われた20年」を乗

りきったサバイバーなのだ。

　集中試聴とは別に、いくつかのエントリークラス注目機も聴かせてもらった。4万円のセットものが192kHz24bitのハイレゾを当たり前のように再生し、5万円のレシーバーに至ってはDSDファイル対応。ペア3万円台のスピーカーは、信じられない美音を聴かせてくれた。なかには、「この組み合わせで、あすからふつうに評論家をやっていけるな」と感じさせられる製品さえあった。

　残念なのは、こういった製品の多くが、量販店や通販でだけ扱われ、きちんとした試聴が不可能なこと。専門店でも、こういった製品が豪華試聴室にセットされることはまずない。「エントリークラスもちゃんと試聴できますよ」というお店がせめて1県に1店はあってほしい！（「Stereo」2012年11月号）

■■■　　　　　　　　　　　　　　　　　　　　　SACD／CDプレーヤーの選び方
　オーディオ愛好家ではなく、クラシック・ファン向けに、機器の選び方を伝授せよという原稿依頼がきた。以下はその前文。これに続き、4人の評論家が2台ずつ推奨機を紹介している。

　CDの誕生から31年、SACDの誕生から14年が経過。2つのメディアは、いま極めて微妙な立ち位置にある。そもそも、ディスクの売り上げが落ちて、ショップが次々消えていくというどうしようもない現実。それはもちろんダウンロード利用派が増えているからなのだけれど、その一方で、パソコンはどうにも苦手という方が大勢いらっしゃる。いや、パソコン上級者なのだが、「音楽鑑賞に、パソコンは使いたくない」という方もいらっしゃる。SACDの膨大なコレクションをお持ちで、パソコン中心の生活に移りたくても、SACDはリッピング不可だから移れないという方もいらっしゃる。ネットラジオが普及しても、「いかにもラジオ」というスタイルの受信機が必要なように、「いかにもプレーヤー」というスタイルのプレーヤーも絶対必要なのだ！

　しかし、ここからが資本主義社会の大問題。優れた才能や開発費は大金が動くところにしか集まってこないから、いつまで気合いの入ったSACD／CDプレーヤーが作られるか、大いに疑問だ。LD、DAT、MDなどのように、ハードが作られなくなってしまうと、結局ソフトはただのゴミになってしまうから、気合いの入ったSACD／CDプレーヤーはぜひいまのうちに買っておきたい。

　「SACD／CDプレーヤーはなくなっても、CD専用プレーヤーは残る」と楽観視する声も一部あるが、コンパクトデジカメ、カーナビ、ゲーム機が

「スマホで代用できる」と販売台数を減らしていったように、「CD専用プレーヤーなら、パソコンで代用できる」という流れに押されて、CD専用プレーヤーのほうが先に消える可能性さえある。最近ではそれをも超え、光ディスクそのものが消滅する（もちろん読み取りメカも）という噂すら聞かれる。

「どれを買えばいいのか」については、以下の記事をじっくりお読みいただきたいが、「いつまで修理してもらえるのか」も重要なポイントだ。製造終了後8年などとケチなことはいわず、「直せる限り直します」と宣言してほしい。そういうメーカーの製品を末永く使いたいと、みんなが願っているのだから。(「レコード芸術」2013年11月号)

●●● プリ・メインアンプの選び方

　もしあなたが、とても鳴らしやすい素直なスピーカーをお持ちだとしたら、アンプ選びは簡単だ。スピーカーは車体、アンプはエンジンのようなものだから、その軽い車体を楽に動かせる程度の馬力を持つエンジンを選んでやればそれでいい。個人的には、管球式アンプもお薦め。10ワット程度の定格出力しかなくても十分。しかし、不幸にして「なかなか鳴ってくれないスピーカー」「大音量でないと真価を発揮しないスピーカー」をお持ちだとしたら、事態は深刻。その重い車体を強引に動かせるだけの大排気量エンジンがどうしても必要になる。

　そのあたりの目安になるのが、スピーカーの場合は能率であり、アンプの場合は定格出力ということになるが、「能率何デシベルのスピーカーには、定格出力何ワット以上のアンプを使うべし」というような一覧表は、どう考えても作れそうにない。世の中には、「低能率のわりに鳴らしやすいスピーカー」とか「大出力のわりに駆動力の弱いアンプ」というような例外がかなり存在するからだ。どれくらいの音圧を心地いいかと感じる個人差も大きいし、そもそも住環境（どの程度大きな音を出せるか）の差もある。

　理想のアンプを選ぶというのは、考えれば考えるほど厄介なことなのだ。しかし、これほど厄介なのだから、「理想のアンプを選びなんてできるわけがない」と開き直る手もある。このあとに続く各氏推奨アンプのなかから1つを選び、迷わず購入する（数えきれないほどの製品群から選ばれる2機種なのだから、とびきりの優れものに決まっている）。そして万一思いどおりの音が出なかったら、各種オーディオ・アクセサリーで調整すればいいのだ。

　幸い「載せるだけでスピーカーがご機嫌になるスピーカースタンド」や「鳴らしにくいスピーカーがよく鳴るようになるケーブル」は多数存在する。我田引水になるが、昨年5月号からの筆者の連載（本書第8章に再録）を改めて

読み返していただきたい。(「レコード芸術」2013年12月号)

■■■　　　　　　　　　　　　　スピーカー・システムの選び方

　現代のスピーカー選び。これはなかなか悩ましい問題だ。30年くらい前までは、どこの街にもオーディオショップがあり、そこへ行けば、何十種類ものスピーカーを試聴することができた。また、国内大手メーカーが多数あって、製品も飛ぶように売れたから、その年のヒット作を挙げるのも簡単だった。

　いまはどうか。何もない。オーディオショップはよほど大きな街にしかないし、国内大手メーカーが作るメガヒットも見当たらない。大手家電量販店に行っても、オーディオ・コーナーにあるのはiPodの仲間とイヤホンばかり(ごく稀に豪華試聴室を持つショップもあるが、これがまたいちげんさんにはえらく敷居が高い)。

　ふだんオーディオのことなど考えない、しかし「好きな音楽を、少しでもいい音で聴きたい」と願う人たちは、いまどうやってスピーカー選びをすればいいのか。

　その1、巨大信仰をすてること。大きければいい音が出るというのは何十年も前の話。いまのスピーカーは、「小さくても」いや「小さいから」いい音が出ることが多い。ただし、小さいスピーカーのなかには「大音量でないと真価を発揮しないタイプ」も混じるから要注意。そこのところを質問して、ちゃんと答えてくれないショップは利用しないこと。

　その2、必ず専用スタンドを購入する。それがどうしてもおいやなら、トールボーイタイプ(スタンド不要の背高のっぽ)を選択する。

　その3、従来の常識にとらわれない。「こんなメーカー知らない」「こんな製品がいいわけない」といった常識にとらわれていると、当たりをのがす。海外ブランドがたくさん輸入されているうえ、iPodやスマホを挿して使う製品のなかにも当たりがあるからだ。ひと昔前敬遠されたアクティヴ・スピーカー(パワードスピーカーともいう。アンプを内蔵したスピーカーのこと)も、近年当たりが増えている。あとは、各ライターの文章を反復熟読していただきたい。
(「レコード芸術」2013年10月号)

■■■　　　　　　アクティヴ・スピーカーについてこれだけは補足したい!

　パワードスピーカー。別名アクティヴ・スピーカー。オーディオ・システムは、CDプレーヤー、アンプ、スピーカーの3つが基本だが、アンプとCDプレーヤーを合体させたり、アンプをスピーカーに内蔵したりすれば、筐体

が1つ減り、よりコンパクトにシステムを構築することができる。この前者をレシーバーと呼び、後者をパワードスピーカーと呼ぶ。

その歴史は、JBLハーツフィールド用に内蔵用管球式パワーアンプPL100が開発されたあたりから始まり、ゲルマニウムトランジスタ・パワーアンプSE401の発売でさらに加速（初期のパラゴンなどには、それを内蔵させるためのスペースが背面に設けられていた）。1970年代に入ると、スタジオモニターの多くがパワーアンプを内蔵するようになる。

そのメリットは、
○スピーカーケーブルの悪影響を最小にすることができる。
○そのスピーカーに最も適したアンプを組み合わせることができる。
○ユニットのくせ（ピークやディップ、低域の不足）があっても、電気的にそれを補正し、フラットな特性にすることができる。
○複数のパワーアンプを内蔵させることで、マルチアンプ駆動やバイアンプ駆動が簡単にできる。いや、それどころかMFBも可能に。
○同じクオリティーのアンプとスピーカーを別々に購入するより、何割も割安だ。

ATCのプロ用アクティヴ・スピーカー SCM300ASL Pro
（出典：http://www.atcloudspeakers.co.uk/professional/loudspeakers/scm300asl-pro/）

これだけ眺めると、まさに理想のスピーカーだが、「パワードスピーカーを愛用しているオーディオ愛好家」はわが国にほとんどいらっしゃらない。それはなぜか!?

パワードスピーカーを買ったが最後、アンプを買い換えるという楽しみがなくなってしまう。また、スピーカーケーブルを交換するという楽しみもなくなってしまう。そのため、この2つを楽しみにしている方が多数派のわが国では、「パワードスピーカーは売れない」というのが常識のひとつとなっているのだ。

しかし、いま本書を手に取っているあなたの場合はどうだろう。①このスピーカーをどのアンプで鳴らせばベストか悩み続けたい？ ②多くのメリットを捨ててまで、スピーカーケーブルを交換したい？ 両方ノーだという方がかなりいらっしゃるのではないか。「オーディオのためのオーディオではなく、音楽のためにオーディオをやっている」という方なら、100パーセン

トノーだろう。場所を取らず、音がよく、しかも割安なのだから、パワードスピーカーにしないわけを探すほうが難しいのだ。

　筆者のホンネは、ATCのSCM300ASLプロかムジーク・エレクトロニック・ガイザインRL901Kあたりを自宅でガンガン鳴らすことだが、そんな大げさな、いかにも業務用臭いスピーカーを読者にお薦めしようというのではない。それらとはまったく異なる路線の、まさにパワードスピーカーのニューウェーブとでも呼ぶべき製品が近年目白押しなのだ！（「Gaudio」第3号、2013年）

　◆◆◆　　　　　　　　　　　学生時代に愛用していたスタックスのヘッドフォン

「クラシックを聴くために最適なヘッドフォンを紹介してほしい」といわれ、スタックスのSR－009という製品をあげた。ただし、この製品、それだけでは音が出ない。専用ドライバーユニットと呼ばれるアンプが必要なのだ。同社からSRM－007tAという最高級ドライバーユニットも借用して試聴したのだが、その結果たるや想像を絶していた。

　他社製ヘッドフォンのほとんどがヘッドフォン端子に差すだけで鳴るのに、スタックス製コンデンサー型ヘッドフォンはそれができない。音を出す原理が他と大きく異なるため特別な電流が必要で、肝心の音楽信号も、少し変わった形で出力しなければならないからだ。同社は、この働きをする専用アンプをドライバーユニットと呼び、ヘッドフォンをイヤースピーカーと呼ぶ。「どのイヤースピーカーに、どのドライバーユニットを組み合わせたらいいかわからない」と時折訊かれるが、カタログやウェブサイトには、イヤースピーカーごとに「推奨ドライバーユニット」が明記されているから、参考にしていただきたい。

　今回推奨するSR－009は、おおよそ2年前に発売されたトップモデル。振動膜には、スーパーエンプラという新しい高分子極薄フィルム素材を採用。また、それを振動させる固定電極やそれらを収めるアルミ削り出しの筐体、銀コートを施した高純度銅線など、こだわりに満ちている。最上級ドライバーユニットSRM－007tAを使って鳴らすと、
○このうえなく繊細で
○驚くほど情報量が多く
○臨場感に満ち
○刺激感皆無で
○飾り気や色付けのない音
を聴くことができる。クラシック音楽のために、これ以上恵まれた再生環境

があるだろうか。これの10倍くらい高価なスピーカーを買っても、こんな音はとても出せそうにない。(「レコード芸術」2013年5月号)

スタックスのSR－009
(出典：http://www.stax.co.jp/Japan/SR009_JP.html)

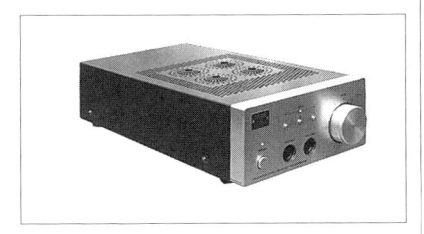

イヤースピーカー用専用ドライバーユニットSRM-007tA
(出典：http://www.stax.co.jp/Japan/srm007ta.html)

● 第10章

結局、オーディオの成否は部屋なんじゃなかろうか

　「Gaudio」2013年第1号の企画で、ピアニスト菊地裕介氏のお宅を2度訪ねた。ピアノ練習室を新しく作ったので、そこに小さなオーディオ・システムを置きたい。何を買ったらいいかわからないので、プロからの手ほどきがほしいというのだ。

　しかし、実際この練習室にオーディオ機器を持ち込んでみると、信じられないことが起こった。こちらが持ち込んだ機器を箱から出すまでもなく、菊地氏が何年も使ってきた比較的安価なスピーカーの下に、セイシンエンジニアリングのインシュレーターをはさむだけで、「十分満足できる音」が出てしまったのだ。あとはもういうまでもない。筆者が推奨した機種はもちろん、担当編集者が選んだ（筆者があまり好きではない）製品まで、最高によく鳴った。それは実にショッキングな出来事で、「これまで自分はいったい何を評価していたのか!?」と一瞬パニック状態になったほど!

　数カ月後、そのピアノ練習室を作った鈴木泰之氏（アコースティックエンジニアリング社代表）、鈴木氏にオーディオ専用室を作ってもらった生島昇氏（ディスクユニオンJazzTOKYO店長）、オーディオ評論家・炭山アキラ氏と4人でざっくばらんに話す機会があった。まずは生島邸の音を聴かせていただき、そののちホンネをさらけ出し合った。

炭山　全部で3システム聴かせていただいたのですが、それぞれのキャラクターが見事に出ていました。部屋が悪さをしないとシステムがちゃんと鳴るんだなというのと、うまく飼い慣らされていらっしゃるなというのをもう1つ感じました。

村井　無理やり調教されている感じがしないところがよかったかなという印象です。一つひとつのスピーカーが自分らしくのびのびとしていて、聴いているこっちもストレスがなく、こういう音ってなかなかないですよね?

炭山　なかなかないですね。

村井　スピーカーを自作して、自宅でよく鳴っていてもよそで鳴らないっていうことがあるじゃないですか。

炭山　しょっちゅうですね。

村井　ですので、私もそういう部分から部屋の問題をよく考えていたんです。

炭山　部屋を考慮して自作しちゃうと特性がずれちゃうんですけど、ちゃん

とした部屋だとスピーカーの特性で鳴ってくれるという印象があります。

村井 今回聴かせていただいた楽曲のなかにはロック系なんかのふだんあまり聴かないソースもあったのですが、それが全然いやじゃなくて。いい音が出てるというと、測定的に欠点のない状態だとお考えになるかもしれませんが、そうじゃなくって"おいしい"音なんですよね。ダシがきいていて栄養価も高く、聴いているとどんどん元気になる音、とでもいうんでしょうか。

炭山 素のうまみみたいな音で、何かをこねくり回して作った音じゃないっていうのがポイントですね。

ディスクユニオンJAZZTOKYO店長・生島昇氏
(出典:「Gaudio」第3号、共同通信社、2013年、58ページ)

筆者
(出典:同誌58ページ)

アコースティックエンジニアリング・鈴木泰之氏
(出典:同誌58ページ)

オーディオ評論家・炭山アキラ氏
(出典:同誌58ページ)

生島 私はオーディオが大好きなんですが、実は機械のことはあまり詳しくありません。好きなレコードとかCDがあって、それを自分が聴きたい音で鳴らしたいという動機からくるんです。

――きょうはよく耳にするソースをお聴きになったかと思いますが、普段いろいろな場所で聴かれてきた印象と何か違いはありましたか?

炭山 このお部屋は、私の環境と比べてもコンパクト(実質7.5畳)なのですが、ボリュームをかなり上げて聴いても、全然耳障りじゃないというのが驚きでしたね。

村井 単純にいい音のお宅にはたくさん伺っていますが、私もこのサイズでここまでの音は聴いたことがないですね。

炭山 小さめの部屋だとすぐに音が飽和しちゃって、変なピークで耳が変になることがありますよね。ここはそれがない。

鈴木 音には波長がありますから、部屋の大きさと音は密接な関係があります。低音は波長が長いもので約10メートルもありますから、小さい部屋ほ

ど問題が発生しやすいのです。非科学的な表現になりますが、大きな体ですと自由に動きにくいというか……。

炭山 あの部屋に入ったときいちばん最初に感じたのは、防音室にありがちな自分の声が変になる現象がないことです。それがないというのは本当にすばらしい。

鈴木 そもそも部屋というのは空気という媒質が入った空間なわけですが、他の物体と同じように部屋にも固有の響きがあります。その固有の響きは、寸法や形で決まってきます。アコースティック楽器は鋭い共鳴を利用して音程と大きな音圧を得ていますが、部屋の場合は特定の共鳴が目立っては逆に困ります。まんべんなく共鳴してもらわないと困るわけです。

村井 なるほど、響きですか。

鈴木 響きというとカーペットや吸音材を想像しがちですが、それらは中高音の響きにしか作用せず、低音はほとんど吸音しません。確かに基音の倍音にあたる高音が吸われると吸音されたように感じますが、基音は吸音されていません。したがって、必然的に存在する複数の定在波を分散してピークをなくす部屋の形が重要になります。中高音の吸音過多は文字どおりデッドで、キツイばかりでスピーカーが鳴らない感じになります。

村井 可能であれば読者ご自身の環境にある吸音する素材を全部取ってみてほしいですよね。一度素の響きを知ることは大切だと思います。

——スピーカーは3種類ありましたが。

生島 それぞれ昔から持っていたのですが、いちばんよく使うのがリンフィールドでした。たまにオンキヨーとかロジャースを取り出してみても全然鳴らないので、またリンフィールドに戻すということを繰り返していました。

鈴木 知らず知らずに高音の吸音が多くなると音がきついだけで広がり感がなく、低音が吸音されていると豊かさがなくなり、ヤセた鳴り方になります。

生島 膨らみがないというかハーモニーがないというか。

鈴木 意外と思われるかもしれませんが、現代の日本家屋の構造は、マンション間仕切り壁を含めて中低音を吸音しているんです。試しに壁を叩くとゴンゴンと低くて濁った音がしますが、これは100Hzから150Hzを吸音しているのです。さらに中高音の雑味音も同時に放射します。

■■■ **建て替えをきっかけにリスニングルームを計画**

——もともとリビングでオーディオをされていたそうですが、なぜそこから部屋を作ろうとお考えになったのでしょうか。

生島 家を建て直すことになったのがきっかけですね。そのときに何とかリ

ビングオーディオではなくプライベートルームを作れないかと計画しました。そのときに、様々な施工会社さんを回りましたが、ショールームの音があまり納得できず、これだったらリビングオーディオでいいかなとも思っていたんです。そこで最後にアコースティックエンジニアリングさんに伺い、ショールームでCDをぽんとかけたらいままでの部屋と全く違うことを感じまして。すぐに話を進めました。

外側から、オンキヨー Scepter2002、ボストンアコースティックLynnfield400L（アメリカ製）、ロジャースLS3／5a（イギリス製）

鈴木 もっと早くショールームを造るべきでした。「百聞は一聴にしかず」ですね。リフォームや新築と合わせて計画するとそれほど高価にならないのですが……。

生島 価格ってユーザーとしてはいちばん気になるところじゃ

レコードプレーヤーは定期的にOHしながら25年以上も愛用しているテクニクスSP-10Mk3ターンテーブル

ないですか。見積もりをお願いしたら価格の面でも納得いたしまして。

炭山 音楽が好きで部屋を作っているのってアコースティックエンジニアリングさんくらいですよね。

村井 多くの場合は、部屋に防音を施すことでエネルギーをシャットアウトすることに傾注していますが、そのことは決して音楽の楽しさとイコールにはならない。

鈴木 空間の大きさからくる制約は最後までつきまといますが、そのデメリット＝定在波が偏在するのを避ける部屋の形を第一に検討します。すぐに吸音の問題にすり替わってしまう話になりがちですが、それは先に述べたとおりの話になります。

生島 最初にCDを持参したときに、その曲の特に好きなポイントを聴きました。例えばこの楽器の"つや"の部分が聞こえたらOKという、そのポイントを外していなかったのでいい音だと判断しました。

鈴木　つやといわれる帯域は中高域なのですが、あくまで中低音を基音とした倍音のことなのです。やっぱり音楽のツボを知ってらっしゃいますね。

炭山　おいしい音楽の聴き方ってそういうことなのでしょうね。自分の気持ちいいところが聴ければいいと。

村井　ところがそれは、一部だけ贅沢したり機材に気をつけたりしても達成されることではないのが難しいところですよね。

生島　最初に各社を回ったとき、自分なりにリスニングルームの設計図を持っていったんです。間取りの都合で押されたり引かれたりして、残ったスペースで考えていたんです。ところがアコースティックエンジニアリングさんだけは「これじゃいい音にするのは無理です」とはっきりと言われました（笑）。

鈴木　最初見た設計図ではどう料理してもいやな性格がでるのがわかっていました。その性格のまま防音をしてしまうと、さらにそれが目立ってしまうんです。

村井　適当に逃げていればいいのに、シャットアウトしようとするから跳ね返ってくるんですね。

鈴木　オーディオ機器もむやみに剛性を高めるとよくないというケースがあるようですが、防音しないほうがよかったという場合はあり得ます。正攻法ではないですが……。

生島　それでいろいろ工夫して実質7.5畳くらいのリスニングルームになったわけですが、これって現実的には最もよくあるサイズだと思います。そもそも、「このくらいの部屋であれば車1台我慢すれば作れるんだよ」ってことはあまり知られていないと思います。

村井　1本100万円のスピーカーを買う人はいるのに、それを部屋に使う人っていないですよね。それは部屋の正しい価格を知られていないからのような気がします。

炭山　いちばん影響力のあるコンポーネントは部屋なんですけどね。雑誌とかに出てくる部屋は何千万とかものすごくお金がかかっているので、手が出ないと思っちゃいますよね。

生島　そもそも選択肢に入れてなかった人が、私のように新築やリフォームなどのタイミングでやろうかな、と思ってくれるきっかけになればいいなと。

■■■　　　　　　　　　　　　　　ヨーロッパの建築に近づけるような設計

鈴木　来日中のドイツの音楽家と話していたら「私の家はまだ新しくて150年しかたっていないんです」といっていましたが、そういう時代の家屋って

壁も石やレンガで非常にがっちりしています。
──あのお部屋もそういう考えのもとに作られているわけですね。
鈴木 それと同じというのは無理ですが、なるべく近づけているわけです。同時に、ガッチリした構造にするということは、防音のためにおこなっているということでもあります。そうすることで、響きのよさと防音が一石二鳥で実現できるわけです。内装をガッチリする、たったそれだけで響きがよくなるんです。響きというと中高音の吸音がわかりやすいですが、低音域の響きは実にわかりづらいんですよね。
──実感として特定のソフトでこう変わったというのはあるんでしょうか?
生島 前の部屋ではうるさいだけで聴くに堪えなかったレッド・ツェッペリンがこの部屋でかけると音の骨格が鮮明になり、作り込まれたサウンドのさらに奥が聞こえてくる。これには思わずニヤけちゃいましたね。
一同 (笑)。
生島 さらに、長年付き合ってきた機材の知らなかった潜在能力も見えてきて、急に愛着がよみがえってキャビネットを磨いてあげたり(笑)。
村井 ほとんどの人が、機器のよさを引き出す前にハズレだと思って手放しちゃうんですよね。
炭山 生島さんも部屋を変えるまでは機材を売ろうとお考えだったと。だからこういう部屋に入れられた機材は幸せですよね。
生島 この部屋にしてから、新しい機材を買おうという気持ちはなくなって、きょうはどうやって手入れしようかなということばかり考えるようになりました。
炭山 いいですねぇ、理想的なオーディオの楽しみ方のひとつですよね。
村井 ある意味で、ポテンシャルが発揮されてこそ、買い換える楽しみも増すんじゃないでしょうかね。
鈴木 もしスーパーカーを買っても、未舗装の道路しかないのであれば、宝の持ち腐れになってしまいますよね。
生島 今回の私の例が典型かと思いますが、最小のスペース、現実的な費用の範囲でも、いい環境を作ることは可能なんですね。よりいい音を期待して機材を買い換えても、インフラのせいでがっかりするのでは機器がかわいそうです。
炭山 生島さんはもともと人に物のよさを伝える側なので、オーディオでもこれだけ的確なインフォメーションが得られるんですかね。
生島 条件の制約が少なくなってくるので、いい組み合わせが見つけられたのかもしれません。

鈴木 部屋がすべてだとはいいませんが、われわれが作った部屋だと楽になるという声は数多くいただいています。例えば録音スタジオなんかですと、マイクセッティングの時間が大幅に短縮できたという事例があります。

炭山 マイクもそうかもしれませんが、リスニングポジションがずれていても、そんなに違いがないと感じました。本来、部屋の隅で聴くと違和感が出るものなのですが。

村井 この部屋はそれがないですよね。さらにそれらの印象が、アコースティックエンジニアリング社のショールームだったり、「Gaudio」No.01でおじゃましましたピアニスト菊地裕介さんのお宅でもそうだったので、まさにブレのない、的中率の高さですよね。菊地氏の企画では、いろんなスピーカーを持ち込んで聴き比べたのですが、そのなかに苦手なブランドが混じっていても「いい音だ!」と思ってしまうんです。

炭山 それは一般的にはいいことですが、われわれとしては「どれもいいね」ってなって、痛し痒しですよね(笑)。

一同 (笑)。

村井 楽しくなっちゃって、ある意味仕事しづらいかもしれません(笑)。

炭山 先ほどもいいましたが、アコースティックエンジニアリングさんが作ったどのお部屋でも自分の声がいやにならないんです。部屋の大きさも作りも全く違うのに、これが共通しているのは驚くべきことです。

■■■ 測定と実際の感覚には想像以上に開きがある

鈴木 一般的なリスニングは、常に壁からの反射音も同時に聴いています。壁に変な共鳴が乗っていると、それを含めて聴いているわけです。ニアフィールドリスニングがいいといわれるのは、直接音の割合が高いからなんですね。その極端な例がヘッドフォンです。先ほど音量を上げていっても飽和感がないとおっしゃっていましたが、それは実は歪み感がないということです。大きな音で聴くことで、ソース機器と部屋の歪みが可聴音量まで持ち上がるため、いやな音に感じることになります。そこでその歪みを下げるために吸音材などを使うわけですが、そうすると楽音本来のレベルも下がります。アンプでいうNFBみたいなイメージですね。測定上はきれいな音になるわけです。吸音材でデッドにすることはそれと同じですね。

村井 かけすぎるとつやや張りがなくなります。

炭山 理論と現象は往々にして齟齬がありますよね。鈴木さんの部屋は理論どおりになるじゃないですか。だからすごいと思います。

村井 私は以前から、「どんな機器を買うかにこだわりすぎるな」と言って

きました。「世の中にはハズレの製品がいっぱいあって、アタリを手に入れたい」とみなさん思っているのでしょうが、実はアタリってめちゃめちゃ多いんです。ですが、それに気がつかないとハズレだと思って恨んだり悲しんだりするんですよね。あとは、いい音を引き出せるように環境をいかに整えるか、そこにもっと神経や資力を注ぎ込んでほしいなと思います。根本の部屋を間違えてしまうと、アクセサリーや小手先の方法論ではどうにもならな

メインラックにはそれぞれのスピーカーを鳴らすプリ／パワーを収めた。メインのリンフィールドはバスX1でコントロールした

いという領域があります。すべての人に理想的な部屋作りを勧めるわけではないですが、もう少し目を向けてもらいたいな、とあらためて感じました。
生島 おっしゃっていただいた環境を整えることは、必ずしも夢みたいなことではなく、うちの部屋がいい例になってもらえたらなと思いました。
(「Gaudio」2013年第3号)

●●● アコースティックエンジニアリングでおこなわれたイベント

2013年7月28日、東京・九段下のアコースティックエンジニアリング試聴室で、Acoustic Audio Forumというイベントの講師をつとめた。主役は、スフォルツァート小俣恭一氏。DSDファイルに対応するネットワーク・プレーヤーを、世界で初めて開発した才人だ。以下は、その数日後にまとめたレポート。

アコースティックエンジニアリングのサイトを見ると、(筆者以外の人がまとめた)レポートがすでに2本もアップされている。講師自身によるレポートはもう不要なのではと思ったが、二番煎じは承知のうえで、あの日何を伝えたかったかを書きとめておく。

Acoustic Audio Forumの講師を依頼されたとき、筆者が希望したのは「スフォルツァートDSP-03のお披露目会ならやりたい」、このひと言だけだった。別に、このメーカーと深いつながりがあるわけではない。代表・小俣恭一氏とは、どこかのイベントで名刺交換をしただけの関係。しかし、スフォルツァートのネットワーク・プレーヤーが優秀であることは十分理解していたし、世界初のDSDファイル対応のネットワーク・プレーヤーがどのような出来であるかはいち早く知りたかった。そして何より、「DSDファイルの

第10章 ● 結局、オーディオの成否は部屋なんじゃなかろうか

ネイティブ再生こそがオーディオ界の明日を救える」と常日頃感じているからこそ、このForumをきっかけのひとつにして、少しでもDSDファイルのすばらしさを広めたいと考えたのだ。

　話は90年ほど前にさかのぼる。当時先進国はラジオ・ブームで、受信機は大人気。そのあおりを受けたのは蓄音機。要するに「ただで聴けるほうがいいに決まっているじゃないか」という話だ。

　そこでレコード業界の人たちは知恵を絞った。「ただで聴けるラジオに対抗するためには、音質で圧倒するしかない」

　SP盤は機械吹き込み（電気を使わない録音方式）から、電気吹き込みへと大転換を図り、音質改善に成功。まあこのあたりを詳しく語りだすと、いろいろ問題点もあるのだが、とりあえずそうだったということにしておく。

　こうして、レコード業界は、ラジオに圧倒的な差をつけ、隆盛期を迎える。現在このラジオにあたる存在がインターネットであることはいうまでもない。インターネットさえあれば、とりあえずかなりの音楽をただで聴くことができるのだ。

　もちろん筆者もインターネットは利用する。動画サイトをよく見るし、無料試聴も活用する。しかし、それだけでは生きていけない。それは、ファストフードとレトルト食品だけで生きていくのはつらいというのにどこか似ている。

　だから、90年前のように、「圧倒的な音質でインターネットに差をつけるのがいちばんなのでは」と考えている。とにかく、多くの人々に「DSDならではのもっとおいしい音」を体験していただくのだ。そうすれば、DSDファイルを愛好する人たちが増え、大きな流れができるはず。またそうすることで、オーディオ界の明日も開ける。優秀なDSDファイルも配信され続ける。そうなってほしいと、心から願っている。

　筆者宅では、2012年初頭からDSDファイルのネイティブ再生が可能になった。もちろんそれは、いわゆるPCオーディオによる再生で、再生時、パソコンの電源はONのまま。筆者は様々なノイズ対策を施しているので、実用上何の問題もないのだが、このノイズを毛嫌いしてPCオーディオの世界に飛び込んでこない方はかなりの数いらっしゃる。

　あと、よく出会うのが「パソコンを、リスニングルームに置くこと自体が許せない」という方。これは「デザイン的に許せない」という方と「雰囲気が研究室のようになってしまい、音楽にひたれなくなる」という方が半々くらいだろうか。

　こういったハードルを克服するには、やはりDSDファイル対応のネット

ワーク・プレーヤーが欠かせない。ネットワーク・プレーヤーなら、再生中パソコンの電源はOFFにできる。また、外見も間違いなくオーディオ機器だから、「外見上パソコンを毛嫌いする方たち」も抵抗なく部屋に招き入れることができるだろう。スフォルツァートDSP－03は、筆者のようにDSD

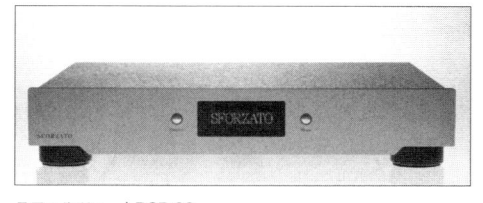

スフォルツァートDSP-03
(出典：http://www.sfz.co.jp/DSP-03.html)

ファイルの普及を願う者にとっては、まさに救いの神なのだ。

　筆者は、ミュージックバードというデジタル・ラジオで『これだ！オーディオ術』というオーディオ番組を持っていて、そこで、
○CDの音
○全く同じ演奏を収録したSACDの音
○上記SACDと全く同じ内容のDSDファイル（ダウンロード購入したもの）
といった聴き比べを何度かおこなってきた（この違いが、ラジオを通してでもわかるというのが愉快ではないか）。本当は7月28日もそれをやるべきだったのかもしれないが、同じことを繰り返すのも芸がないと感じ、当日は、
○DSD2.8MHzの音
○DSD2.8MHzをもとにダウンコンバートした96kHz24bitの音
○DSD2.8MHzをもとにダウンコンバートしたCDフォーマットの音
の聴き比べをおこなった。またこれとは逆に、
○CDフォーマットの音
○CDフォーマットの音をもとにアップコンバートした96kHz24bitの音
○CDフォーマットの音をもとにアップコンバートしたDSD2.8MHzの音
○CDフォーマットの音をもとにアップコンバートした5.6MHzの音
も用意し、聴き比べた。「私たちがいかに貧しい音（元は悪くないのに、わざわざ悪くした音）を聴かされているか」また「CDフォーマットから作ったいわゆる「なんちゃってSACD」にもそれなりの値打ちはあること」は、十分理解していただいたと感じている。

　ちなみに後者（「なんちゃってSACD」）について最初に提唱したのは、今井商事代表・今井哲哉氏と思われるが、彼は「CDフォーマットによって切り捨てられてしまった情報は、完全には消滅していないのではないか。それはどこか聞こえにくいところに隠れていて、DSDにアップコンバートすることによって、7割方戻ってくる」と述べている。

　筆者はこれまで、何十枚かのCDを「なんちゃってDSD」化してきたが、

第10章●結局、オーディオの成否は部屋なんじゃなかろうか

今井氏が述べるように「7割方戻ってくるCD」がある一方、「全然戻ってこないCD」もある。その違いがどこにあるのかはまだ不明だ。
　Forum当日は、「DSDファイルが収められているにもかかわらず、SACDがなぜCDを駆逐できなかったのか」という話もした。筆者は基本的にはSACD支持派だが、不支持派のお気持ちもよくわかる気でいる。そのあたりの微妙なズレについても丁寧に解説させていただいた。
　後半はもっぱら選曲を小俣氏にゆだね、ひたすらDSDファイルの魅力に耽溺。昨年暮れ、渋谷ヒカリエでおこなわれたRie fuミニ・ライヴの録音は筆者が用意したものだが、「DSDで録れば、これだけ伝わる」ということは、多くの方に共感していただけたと感じている。
　もちろんこの日おこなった2回のForumだけで、世の流れが変わるわけはない。先日全くの別件で地方取材をおこなったが、そこで会った方全員が、DSDはもちろん、いわゆるハイレゾの存在自体ご存じないのにはショックを受けた。しかし、ただ落ち込んでいても無意味だから、今後も地道に広報活動を続けていきたい。スフォルツァートのネットワーク・プレーヤーとDSDファイルの魅力をひとりでも多くの方に知っていただく。これは筆者にとって天命のようなものだから。（アコースティックエンジニアリングのサイトに、イベント実施後掲載）

初出一覧

♪ 初出の記事をもとにすべて加筆・修正している。部分的に書き下ろしを加えた個所は本文に明記した。
♪ 以下は本書に所収している順番に沿っている。

第1章　いま考えていること、ぜひ伝えたいこと　　　書き下ろし

第2章　わが家で生き残ったオーディオ機器　　　書き下ろし

第3章　アナログ再生との格闘（2008年春―09年暮れ）

ウェブサイト「Digital Village」（Cosmo Village）の連載
「Audio Accessory」第134号、音元出版、2009年
「Analog」第26号、音元出版、2009年

第4章　ファイル再生との格闘

「こだわり抜いたデジタルアンプは管球式アンプに似てくる」「Gaudio」2013年第2号、共同通信社
「注目製品ファイル」「Stereo」2009年5月号、音楽之友社
「孤軍奮闘! リン MAJIK DS導入記」「PCオーディオfan」第2号、共同通信社、2010年
「「DSDファイル再生」は今どこまできているのか?」「Stereo」2012年4月号、音楽之友社
「俺のオーディオ」「レコード芸術」2012年6月号、音楽之友社
「DSDネイティブ再生によって得られる音が好きだから…」「Stereo」2013年3月号、音楽之友社

第5章　管球式アンプの世界へようこそ

「試聴を終えて」「Stereo」2012年10月号、音楽之友社
リレー連載コラム「ミュージックバードってオーディオだ!」2013年12月20日更新（http://musicbird.jp/audio_column/p31/）

第6章　確認音源とは何か

オーディオクラブ・アコースティックサウンドクラブ（ASC）の2006年初秋頃の会報

第7章　音楽ソフト制作側との対話

「低音――聴きながら対談 音楽制作者・西野正和氏×オーディオ評論家・村井裕弥氏」「Net Audio」第7号、2012年、音元出版
「こだわり電源導入記&体験レポート特別編Part1 オーディオ電源・悦楽ものがたり」「電源&アクセサリー大全2014」（季刊・オーディオアクセサリー特別増刊）2013年秋号、音元出版

第8章　オーディオ・アクセサリー

連載「クラシック再生のためのオーディオ・アクセサリー」「レコード芸術」2012年5月号―2014年1月号、音楽之友社

第9章　それでも、選び方を教えてというあなたのために

「エントリーモデルを侮るな!」「Stereo」2012年11月号、音楽之友社
「オーディオ「定番と名品」選考会」「レコード芸術」2013年10月号―12月号、音楽之友社

「新スタイル　アクティブタイプを使いこなす」「Gaudio」2013年第3号、共同通信社
「レコード芸術」2013年5月号、音楽之友社

第10章　結局、オーディオの成否は部屋なんじゃなかろうか

生島昇×鈴木泰之×炭山アキラ×村井裕弥「座談会 評論家が考えるリスニングルームの使いこなし」「Gaudio」2013年第3号、共同通信社
「アコースティックオーディオフォーラム 村井氏からのコメント」「アコースティックE　オーディオルーム」(http://acoustic-group.cocolog-nifty.com/audio/2013/08/post-03f8.html)

あとがき　書き下ろし

あとがき

　オーディオに関するものも、そうでないものも、自分が書く文章はすべてドキュメンタリーだと感じています。今月は、新製品A、技術者Bさんとの出会いがあって、それを自分はこう感じた／こう受け止めた。その結果、即購入を決め、ともに歩むことを決めたといった意味でドキュメンタリー。もちろんそれは雑誌記事だけ読んでも伝わらないのですが、その時期、筆者がネットを含むいろいろなところに書いた文章やツイート、講演やラジオ番組で語ったこと、「YouTube」の動画などを総合すると、おわかりいただける。そんな表現を目指しています。

　「読者が知りたいのは、そんな私小説みたいな語り口じゃないんだ。もっと客観的な商品情報がほしい。要するに、当たりかハズレかを知りたいだけ」とご意見いただくこともあるのですが、はたして真に客観的な商品情報などというものがありえるのでしょうか。Aさんにとって当たりである製品が、Bさんにとってはハズレである。そんな例は山ほど！「クラシック・ファン向けである」「若者向けである」「ねっとり濃厚な音色を好む方に向いている」といった書き方をすれば、そのあたりの問題を少しは解消できそうですが、クラシック・ファンといっても様々な方がいらっしゃるし、若者だって十把一絡げにはできない……。

　だったら、赤裸々に自分をさらけ出していくしかないというのが、近年の基本的な姿勢です。「自分がこれこれこういうキャラクターの人間である」ということを公にしていれば、「あいつがこう書いているのだから、これはきっと自分に合うだろう（いや、合わないだろう）」といった判断がいくらかでも的確にできるのではないか。そう考えたのです。

　だから第1章は、本当にのたうち回りながら書きました。不愉快に感じられる方もいらっしゃるでしょうが、万人に好かれるために嘘をつくとあとでえらいことになりますから、とにかく「いま考えていること」「伝えたいこと」をそのままぎゅっと凝縮しました。

　第2章は、ただ現用機を並べたリストのようにも見えますが、これらはみなわが家における勝ち残り組なのです。では、ここにいたるまでにいったいどんなドラマがあったのか!?　それを記したのが第3章以降。

第3章「アナログ再生との格闘」は、前著を上梓した直後、「やがて出すであろう2冊目のために書き始めた日記」がベースになっています。アナログの上級者が「ここはこうすべきなのだよ。わかったかね」とビギナーを教え導く格式高い入門書の真逆をいっているわけですが、「これからアナログを始めよう」とお考えのみなさんにとっては、かえってためになることが多いのではと考え、ここに載せました。ただし、重要なのはここに書いてあることを鵜呑みにすることではありません。ひとつずつ同じようなことにチャレンジしていただく。それが何より重要。

　第4章からはファイル再生、いわゆるPCオーディオやネットワークオーディオについてですが、その根本において目指すものは、アナログにきわめて近いというお話です。60ページ以降は、ネットワークプレーヤーを、七転八倒しつつ初期設定する、正にドキュメンタリーですが、これを読んで「あの英語にも、PCにも弱い阿呆な村井でもできるんだ。オレにもできそう」と自信をもっていただけると幸いです。

　68ページ以降は、同じファイル再生でもDSDのお話。「現在の自分の使命は、DSDネイティブ再生の醍醐味を世に広めること」と確信しているのですが、はたしてその思いは世に届くのか!?

　71ページあたりからは、「レコード芸術」に載った「俺のオーディオ」。自分らしさ全開にすべく2度も書き直した文章なので、いわば本書の中核!

　第8章のアクセサリー記事は、製品のチョイスをすべて自分が決めているところがミソです。オーディオ誌はお読みになっていても、クラシック専門誌と無縁の方がけっこういらっしゃると考え、28ページも割きました。

　第10章は、リスニングルームの音響に関する座談会記録をそっくり掲載。「自分の意見は自分でまとめろ」という批判もございましょうが、それでは伝わりにくい微妙な今日的課題を、とりあえずみなさまの目の前に提示しておかなければと考え再録しました。

　本書の完成は、この座談会に出席された方々や各誌編集部のご協力（転載許諾）があってのことです。みなさまに心から御礼申し上げます。

　本音をいうと、あと
○スピーカー製作記事「がんばろう!ニッポン」「教わってgoo!」「メイプルボール楓ちゃん」
○毎月「Stereo」で紹介している特選盤
○「Stereo」ブランド特集で書いた記事
○ミュージックバードの番組『これだ!オーディオ術〜お宝盤徹底リサーチ〜』に招いた大物ゲスト諸氏との対談

○「音匠列伝」の続篇も載せたかったのですが、今回は断念。

　あと、2014年4月の消費税アップと円安により、製品の価格がいくらかアップ。精いっぱいチェックしたつもりですが、文中の価格は、あくまで「参考」とお考えください。

　最後になりますが、2012年1月にご逝去された山本博道氏（筑豊出身のカメラマン兼オーディオ・ライター）に本書を捧げます。同い年の彼がいなかったら、専業ライターになろうなどという無謀なことは思い付かなかったし、アナログの道に踏み込むこともなかった。何年か先あの世で再会するとき、「村井、よくやった」と褒めてもらいたい。そうなれるようがんばります！

2014年7月27日

2009年10月のハイエンドショウトウキョウで、オリジナル盤の魅力について熱く語る山本博道氏

[著者略歴]
村井裕弥（むらい ひろや）
1958年、三重県伊勢市生まれ。東京学芸大学卒業
1989年暮れ、少年期に熱中したオーディオの世界に突如復帰。97年からはコスモヴィレッジのWebサイトおよび「A&VVillage」で江川三郎公開実験室を詳細レポート。やがてソフト記事（毎月購入する100枚以上のCDすべてに点数をつける）や製品評まで手がけるようになる。同時期に「stereo」では、オーディオフェアをレポート。音楽之友社の年末ムックでは、全国有名マニアの自宅をまわり、仲間たちのネットワーク作りにもいそしむ。2000年6月SACDプレーヤー導入後は「買えるかぎりのSACDソフトをすべて自腹購入するぞ」と宣言して、5年間それを継続。02年暮れには、ルーメンホワイトの国内初ユーザーとなる。03・04年、パイオニアカーサウンドコンテスト審査員（1日半で150台の車の音を採点!）。03年から08年、「stereo」主催自作スピーカーコンテスト審査員。11年からはスピーカー・クラフト記事も手がける。同誌では、中小メーカーでキラリと光る音の匠たちを紹介する連載「音匠列伝」も好評

これだ！オーディオ術2　格闘篇（じゅつ）

発行………2014年8月22日　第1刷
定価………2000円＋税
著者………村井裕弥
発行者……矢野恵二
発行所……株式会社青弓社
　　　　　〒101-0061 東京都千代田区三崎町3-3-4
　　　　　電話 03-3265-8548（代）
　　　　　http://www.seikyusha.co.jp
印刷所……三松堂
製本所……三松堂
©Hiroya Murai, 2014
ISBN978-4-7872-7351-2 C0073

村井裕弥
これだ！オーディオ術

オーディオ自体への愛だけを語るのではなく、オーディオを使いこなして豊かな音楽生活を送るために活用できるワザを軽快な文章で披露して、オーディオとの付き合い方をとことん伝授する秘伝の書。　　　定価2000円＋税

平林直哉
クラシック・マニア道入門

取り憑かれたかのようにホンモノの音を追求する盤鬼が、レコードやテープの聴き方やネットオークション攻略法、愛用の機器や御用達の店、7つ道具などを惜しみなく伝授。マニアの世界へ誘う実践的な入門書。　　定価1600円＋税

平林直哉
盤鬼、クラシック100盤勝負！
SACD50選付き

盤鬼・平林が話題のCDから100枚、SACDから50枚を厳選してガイドする。初期LPからのCD制作体験を生かした「LP復刻奮戦記」はフルトヴェングラー・ファン必読、初期LPレーベル別周波数特性表付き。　　　定価1600円＋税

松本大輔
このNAXOSを聴け！

優れたクラシックCDもレーベルの倒産や廃盤で、すぐに入手不可能に……。だが、NAXOSがある！　クラシック音楽の百科事典といわれるレパートリーから吟味して100盤を厳選し、1000円台の廉価版を紹介する。　定価1800円＋税

許 光俊
クラシックがしみる！

モーツァルトに熱中する人々や若手演奏家を取り巻く状況など、刺激がないクラシック業界の現状を論じ、自身の人生経験とともにクラシック音楽の魅力を存分に語る。クラシックへの挑発と欲望が響き合うエッセー。定価1600円＋税